高等职业教育安全防范技术系列教材

安防设备工程施工与调试

汪海燕　主　编

林秀杰　刘桂芝　孙　宏　副主编

U0209406

电子工业出版社

Publishing House of Electronics Industry

北京·BEIJING

内 容 简 介

本书依据现行的安防行业标准，重点介绍了安防工程常用设备的工作原理、设备安装与调试方法。全书分为 7 章，分别是安防设备工程施工的概述、入侵报警系统设备的工程施工与调试、视频监控系统设备的工程施工与调试、门禁控制系统设备的工程施工与调试、停车场管理系统设备的工程施工与调试、电子巡更系统设备的工程施工与调试和安防子系统的联动等。

本书图文并茂，突出安防工程常用设备的施工与调试方法。可供从事安防工程施工、安装、调试、运行维护等人员使用，也可作为安全防范专业及相关专业的教学和教学参考书。

未经许可，不得以任何方式复制或抄袭本书之部分或全部内容。

版权所有，侵权必究。

图书在版编目（CIP）数据

安防设备工程施工与调试 / 汪海燕主编. —北京：电子工业出版社，2017.6
高等职业教育安全防范技术系列规划教材

ISBN 978-7-121-31311-0

Ⅰ. ①安… Ⅱ. ①汪… Ⅲ. ①安全装置—电子设备—工程施工—高等职业教育—教材②安全装置—电子设备—调试方法—高等职业教育—教材 Ⅳ. ①TM925.91

中国版本图书馆 CIP 数据核字（2017）第 074243 号

策划编辑：徐建军（xujj@phei.com.cn）
责任编辑：胡辛征
印　　刷：河北鑫兆源印刷有限公司
装　　订：河北鑫兆源印刷有限公司
出版发行：电子工业出版社
　　　　　北京市海淀区万寿路 173 信箱　邮编　100036
开　　本：787×1 092　1/16　印张：12.5　字数：320 千字
版　　次：2017 年 6 月第 1 版
印　　次：2024 年 8 月第 10 次印刷
定　　价：32.00 元

凡所购买电子工业出版社图书有缺损问题，请向购买书店调换。若书店售缺，请与本社发行部联系，联系及邮购电话：（010）88254888，88258888。

质量投诉请发邮件至 zlts@phei.com.cn，盗版侵权举报请发邮件至 dbqq@phei.com.cn。

本书咨询联系方式：（010）88254570。

前　言

　　《安防设备工程施工与调试》是高职安全防范类专业的一门重要的专业核心课程，是安防专业学生和从业人员必备的技能。本书参照《安全防范系统安装维护员》国家职业标准和《安全防范工程技术规范》GB50348—2004，从安防设备施工与系统调试角度进行编写，以职业活动为导向、以职业能力为核心，按照从简单到复杂的原则安排安防各个子系统的相关知识点。

　　全书共分为 7 章，首先介绍了 GB50348 中关于安防设备工程施工的概述，然后围绕入侵报警系统设备的工程施工与调试、视频监控系统设备的工程施工与调试、门禁控制系统设备的工程施工与调试、停车场管理系统设备的工程施工与调试、电子巡更系统设备的工程施工与调试、安防子系统联动等方面展开。其中，入侵报警系统部分主要包括紧急报警按钮、主动红外、被动红外、双鉴、振动、玻璃破碎各类探测器的工程施工与调试，以及报警主机的施工、编程与调试；视频监控系统部分主要包括前端镜头、防护罩与支架、云台、各类摄像机、（网络）硬盘录像机、监控中心等设备的工程施工与调试；门禁控制系统部分包括读卡器、出门按钮、锁具与控制器的工程施工与调试及门禁管理软件的使用；停车场管理系统包括道闸与票箱、车辆检测器的工程施工与调试；电子巡更系统部分包括离线式和在线式电子巡更系统设备的施工与调试；安防子系统联动部分包括入侵报警、视频监控与门禁之间的联动等。每个章节内容细化提炼，并增设课程引导文、实训环节等。

　　本书由国家示范性高职院校浙江警官职业学院的汪海燕担任主编，由林秀杰、刘桂芝、孙宏担任副主编。其中，第 1～3 章、第 4 章部分内容及第 7 章由汪海燕负责编写；第 4 章部分内容由孙宏编写；第 5 章由刘桂芝编写；第 6 章由林秀杰编写，全书由汪海燕统稿。本书在编写的过程中得到了安防行业专家的指导，同时也参考了大量安防行业标准、专题文献和内部资料，有些资料并未注明出处，因此无法一一列出，在此一并表示衷心的感谢。

　　为了方便教师教学，本书配有电子教学课件，请有此需要的教师登录华信教育资源网（www.hxedu.com.cn）注册后免费进行下载，若有问题可在网站留言板留言或与电子工业出版社联系（E-mail：hxedu@phei.com.cn）。

　　由于编者水平有限，加上时间仓促，书中难免有不当之处，敬请读者批评指正。

编　者

目　录

第1章

安防设备工程施工概述

学习要点

（1）掌握《安全防范工程技术规范》GB50348—2004 对安防设备工程施工的要求。

（2）掌握《安全防范工程技术规范》GB50348—2004 对安防系统调试的要求。

《安全防范工程技术规范》GB50348—2004 是我国安全防范领域第一部内容完整、格式规范的工程建设技术标准。该规范总结了我国安全防范工程建设 20 多年来的实践经验，吸收了国内外相关领域的最新技术成果，是一部既具有实践性、适用性，又具有前瞻性和创新性的工程建设技术标准。该规范对安全防范工程的现场勘查、工程设计、施工、检验、验收等各个环节都提出了严格的质量要求，较好地贯彻了全面质量管理的理念，对我国安防工程的建设和管理，具有较强的指导意义和实用价值。该规范的贯彻实施，对于确保安防工程的质量，维护公民人身安全和国家、集体、个人财产安全，具有重大的社会意义和经济效益。

GB50348—2004 对安全防范工程施工的施工准备、设备施工及系统调试等提出的规定和要求，安防设备工程施工准备、施工与系统调试应遵循有关规定。

1.1 安防设备施工的准备

安防设备施工前应具备实施安全防范工程应具备的条件，包括设计文件、仪器设备、施工场地、管道、施工器材及隐蔽工程的要求等。施工单位应对这些要求认真准备，以提高施工效率，避免在审核、施工、随工验收等工作中出现不必要的返工。

1．对施工现场进行检查

符合下列要求方可进场、施工。

（1）施工对象已基本具备进场条件，如作业场地、安全用电等均符合施工要求。

（2）施工区域内建筑物的现场情况和预留管道、预留孔洞、地槽及预埋件等应符合设计要求。

（3）使用道路及占用道路（包括横跨道路）情况符合施工要求。

（4）允许同杆架设的杆路及自立杆杆路的情况，符合施工要求。

（5）敷设管道电缆和直埋电缆的路由状况，并已对各管道标出路由标志。

（6）当施工现场有影响施工的各种障碍物时，已提前清除。

2．对施工准备进行检查

符合下列要求方可施工。

（1）设计文件和施工图纸齐全。

（2）施工人员熟悉施工图纸及有关资料，包括工程特点、施工方案、工艺要求、施工质量标准及验收标准。

（3）设备、器材、辅材、工具、机械及通信联络工具等应满足连续施工和阶段施工的要求。

（4）有源设备应通电检查，各项功能正常。

1.2 安防设备工程施工

1．工程施工注意事项

安全防范工程施工是安全防范工程实施中一个重要环节，施工质量将直接影响安全防范工程的质量，施工单位、监理单位、建设单位要十分重视安防工程的施工。根据多年来安防工程建设与管理的实践，在安防工程的施工中应特别注意以下几个问题。

（1）工程施工应按正式设计文件和施工图纸进行，不得随意更改。若确需局部调整和变更的，须填写"更改审核单"（表1-1），或监理单位提供的更改单，经批准后方可施工。

表 1-1　更改审核单

编号：

工程名称：			
更 改 内 容	更 改 原 因	原 为	更 改 为

申请单位（人）：		日期：	分发单位	
审核单位（人）：		日期：		
批准会签	设计施工单位：	日期：		
	建设监理单位：	日期：		
更改实施日期：				

（2）施工中应做好隐蔽工程的随工验收。管线敷设时，建设单位或监理单位应会同设计施工单位对管线敷设质量进行随工验收，并填写"隐蔽工程随工验收单"（表 1-2）或监理单位提供的隐蔽工程随工验收单。

表 1-2　隐蔽工程随工验收单

工程名称：					
建设单位/总包单位		设计施工单位		监理单位	
隐藏工程内容		检查内容		检查结果	
			安装质量	部位	图号
	1				
	2				
	3				
	4				
	5				
	6				
验收意见					
建设单位/总包单位		设计施工单位		监理单位	
验收人：		验收人：		验收人：	
日期：		日期：		日期：	
签单：		签单：		签单：	

（3）施工人员必须经过培训，熟悉相关标准并掌握安防设备施工、线缆敷设的基本技能；系统调试人员应熟悉系统的功能、性能要求，并具有排除系统一般故障的能力。

（4）施工单位在线缆敷设结束后要尽快与建设单位和监理单位一起对管线敷设质量进行随工验收，并填写"隐蔽工程随工验收单"，以避免对工程造成不良后果。

（5）线缆敷设时，为避免干扰，电源线与信号线、控制线，应分别穿管敷设；当低电压供电时，电源线与信号线、控制线可以同管敷设。

2．线缆敷设要求

（1）综合布线系统的线缆敷设应符合现行国家标准《建筑与建筑群综合布线系统工程设计规范》GB/T50311 的规定。

（2）非综合布线系统室内线缆的敷设，应符合下列要求。

① 无机械损伤的电（光）缆或改、扩建工程使用的电（光）缆，可采用沿墙明敷方式。

② 在新建的建筑物内或要求管线隐蔽的电（光）缆应采用暗管敷设方式。

③ 下列情况可采用明管配线

a．易受外部损伤。

b．在线路路由上，其他管线和障碍物较多，不宜明敷的线路。

c．在易受电磁干扰或易燃易爆等危险场所。

④ 电缆和电力线平行或交叉敷设时，其间距不得小于 0.3m；电力线与信号线交叉敷设时，宜成直角。

（3）室外线缆的敷设，应符合现行国家标准《民用闭路监视电视系统工程技术规范》GB50198—1994 中第 2.3.7 条的要求。

（4）敷设电缆时，多芯电缆的最小弯曲半径，应大于其外径的 6 倍；同轴电缆的最小弯曲半径应大于其外径的 15 倍。

（5）线缆槽敷设截面利用率不应大于 60%；线缆穿管敷设截面利用率不应大于 40%。

（6）电缆沿支架或在线槽内敷设时应在下列各处牢固固定。

① 电缆垂直排列或倾斜坡度超过 45° 时的每一个支架上。

② 电缆水平排列或倾斜坡度不超过 45° 时，在每隔 1～2 个支架上。

③ 在引入接线盒及分线箱前 150～300mm 处。

（7）明敷设的信号线路与具有强磁场、强电场的电气设备之间的净距离，宜大于 1.5m，当采用屏蔽线缆或穿金属保护管或在金属封闭线槽内敷设时，宜大于 0.8m。

（8）线缆在沟道内敷设时，应敷设在支架上或线槽内。当线缆进入建筑物后，线缆沟道与建筑物间应隔离密封。

（9）线缆穿管前应检查保护管是否畅通，管口应加护圈，防止穿管时损伤导线。

（10）导线在管内或线槽内不应有接头和扭结。导线的接头应在接线盒内焊接或用端子连接。

（11）同轴电缆应一线到位，中间无接头。

3．光缆敷设要求

（1）光缆敷设前，应对光纤进行检查。光纤应无断点，其衰耗值应符合设计要求。核对光缆长度，并应根据施工图的敷设长度来选配光缆。配盘时应使接头避开河沟、交通要道和其他障碍物。架空光缆的接头应设在杆旁 1m 以内。

（2）光缆敷设时，其最小弯曲半径应大于光缆外经的 20 倍。光缆的牵引端头应做好技术处理，可采用自动控制牵引力的牵引机进行牵引。牵引力应加在加强芯上，其牵引力不应超过 150kg；牵引速度宜为 10m/min；一次牵引的直线长度不宜超过 1km，光纤接头的预留长度不应小于 8m。

（3）光缆敷设后，应检查光纤有无损伤，并对光缆敷设损耗进行抽测。确认没有损伤后，再进行接续。

（4）光缆接续应由受过专门训练的人员操作，接续时应采用光功率计或其他仪器进行监视，使接续损耗达到最小。接续后应做好保护，并制作好光缆接头护套。

（5）在光缆的接续点和终端应做永久性标志。

（6）管道敷设光缆时，无接头的光缆在直道上敷设时应有人工逐个入孔同步牵引；预先作好接头的光缆，其接头部分不得在管道内穿行。光缆端头应用塑料胶带包扎好，并盘圈放置在托架高处。

（7）光缆敷设完毕后，宜测量通道的总损耗，并用光时域反射仪观察光纤通道全程波导衰减特性曲线。

4．安防设备工程施工要求

《安全防范工程技术规范》GB50348—2004 对安全防范工程中各子系统设备的施工提出了要求，包括报警探测器、摄像机、云台、解码器、出入口控制设备、访客对讲、电子巡查、控制室等设备，工程施工应满足以下要求，以保证整个工程的顺利实施。

1）入侵探测器的施工

（1）各类探测器的施工，应根据所选产品的特性、警戒范围要求和环境影响等，确定设备的施工点（位置和高度）。

（2）周界入侵探测器的施工，应能保证防区交叉，避免盲区，并应考虑使用环境的影响。

（3）探测器底座和支架应固定牢固。

（4）导线连接应牢固可靠，外接部分不得外露，并留有适当余量。

2）紧急按钮施工

紧急按钮的施工位置应隐蔽，便于操作。

3）摄像机施工

（1）在满足监视目标视场范围要求的条件下，其施工高度：室内离地不宜低于 2.5m；室外离地不宜低于 3.5m。

（2）摄像机及其配套装置，如镜头、防护罩、支架、雨刷等，施工应牢固，运转应灵活，应注意防破坏，并与周边环境相协调。

（3）在强电磁干扰环境下，摄像机施工应与地绝缘隔离。

（4）信号线和电源线应分别引入，外露部分用软管保护，并不影响云台的转动。

（5）电梯厢内的摄像机应施工在厢门上方的左或右侧，并能有效监视电梯厢内乘员面部特征。

4）云台、解码器施工

（1）云台的施工应牢固，转动时无晃动。

（2）应根据产品技术条件和系统设计要求，检查云台的转动角度范围是否满足要求。

（3）解码器应施工在云台附近或吊顶内（但须留有检修孔）。

5）出入口控制设备施工

（1）各类识读装置的施工高度离地不宜高于 1.5m，施工应牢固。

（2）感应式读卡机在施工时应注意可感应范围，不得靠近高频、强磁场。

（3）锁具施工应符合产品技术要求，施工应牢固，启闭应灵活。

6）访客（可视）对讲设备施工

（1）（可视）对讲主机（门口机）可施工在单元防护门上或墙体主机预埋盒内，（可视）对讲主机操作面板的施工高度离地不宜高于 1.5m，操作面板应面向访客，便于操作。

（2）调整（可视）对讲主机内置摄像机的方位和视角于最佳位置，对不具备逆光补偿的摄像机，宜作环境亮度处理。

（3）（可视）对讲分机（用户机）施工位置宜选择在住户室内的内墙上，施工应牢固，其高度离地 1.4～1.6m。

（4）联网型（可视）对讲系统的管理机宜施工在监控中心内，或者小区出入口的值班室内，施工应牢固、稳定。

7）电子巡查设备施工

（1）在线巡查或离线巡查的信息采集点（巡查点）的数目应符合设计与使用要求，其施工高度离地 1.3～1.5m。

（2）施工应牢固，注意防破坏。

8）停车库（场）管理设备施工

（1）读卡机（如 IC 卡机、磁卡机、出票读卡机、验卡票机）与挡车器施工。

① 施工应平整、牢固，保持与水平面垂直、不得倾斜。

② 读卡机与挡车器的中心间距应符合设计要求或产品使用要求。

③ 宜施工在室内，当施工在室外时，应考虑防水及防撞措施。

（2）感应线圈施工。

① 感应线圈埋设位置与埋设深度应符合设计要求或产品使用要求。

② 感应线圈至机箱处的线缆应采用金属管保护，并固定牢固。

（3）信号指示器施工。

① 车位状况信号指示器应施工在车道出入口的明显位置。

② 车位状况信号指示器宜施工在室内；施工在室外时，应考虑防水措施。

③ 车位引导显示器应施工在车道中央上方，便于识别与引导。

9）控制设备施工

（1）控制台、机柜（架）施工位置应符合设计要求，施工应平稳牢固，便于操作维护。机柜（架）背面、侧面离墙净距离应符合本规范第 3.13.11 条的规定。

（2）所有控制、显示、记录等终端设备的施工应平稳，便于操作。其中监视器（屏幕）应避免外来光直射，当不可避免时，应采取避光措施。在控制台、机柜（架）内施工的设备应有通风散热措施，内部接插件与设备连接应牢靠。

（3）控制室内所有线缆应根据设备施工位置设置电缆槽和进线孔，排列、捆扎整齐；编号；并有永久性标志。

1.3 安防系统调试

安防系统调试前应编制完成系统设备平面布置图、走线图及其他必要的技术文件。调试工作应由项目责任人或具有相当于工程师资格的专业技术人员主持，并编制调试大纲。

1. 调试前的准备

（1）检查工程的施工质量。对施工中出现的问题，如错线、虚焊、开路或短路等应予以解决，并有文字记录。

（2）按正式设计文件的规定查验已施工设备的规格、型号、数量、备品备件等。

（3）系统在通电前应检查供电设备的电压、极性、相位等。

（4）系统通电前应对系统的外部线路进行检查，避免由于接线错误造成严重后果。

2. 安防系统调试

（1）有源设备逐个单机通电正常方可进入系统调试。对各种有源设备逐个进行通电检查，进行系统调试，并做好调试记录。

注意：单机通电工作正常后才能接入系统，避免单机工作不正常而影响系统调试。

（2）报警系统调试。

① 按国家现行入侵探测器系列标准、《入侵报警系统技术要求》GA/T368 等相关标准的规定，检查与调试系统所采用探测器的探测范围、灵敏度、误报警、漏报警、报警状态后的恢复、防拆保护等功能与指标，应基本符合设计要求。

② 按国家现行标准《防盗报警控制器通用技术条件》GB12663 的规定，检查控制器的本地报警、异地报警、防破坏报警、布撤防、报警优先、自检及显示等功能，应基本符合设计要求。

③ 检查紧急报警时系统的响应时间，应基本符合设计要求。

（3）视频安防监控系统调试。对每路视频安防监控系统进行检查与调试，使摄像机监视范围、图像清晰度、切换与控制、字符叠加、显示与记录、回放及联动功能等正常，满足设计要求。

① 按《视频安防监控系统技术要求》GA/T367 等国家现行相关标准的规定，检查并调试摄像机的监控范围、聚焦、环境照度与抗逆光效果等，使图像清晰度、灰度等级达到系统设计要求。

② 检查并调试对云台、镜头等的遥控功能，排除遥控延迟和机械冲击等不良现象，使监视范围达到设计要求。

③ 检查并调试视频切换控制主机的操作程序、图像切换、字符叠加等功能，保证工作正常，满足设计要求。

④ 调试监视器、录像机、打印机、图像处理器、同步器、编码器、解码器等设备，保证工作正常，满足设计要求。

⑤ 当系统具有报警联动功能时，应检查与调试自动开启摄像机电源、自动切换音视频到指定监视器、自动实时录像等功能。系统应叠加摄像时间、摄像机位置（含电梯楼层显示）的标识符，并显示稳定。当系统需要灯光联动时，应检查灯光打开后图像质量是否达到设计要求。

⑥ 检查与调试监视图像与回放图像的质量，在正常工作照明环境条件下，监视图像质量不应低于现行国家标准《民用闭路监视电视系统工程技术规范》GB50198—1994 中表 4.3.1-1 规定的四级，回放图像质量不应低于表 4.3.1-1 规定的三级，或至少能辨别人的面部特征。

（4）出入口控制系统调试。主要检查与调试出入口控制系统识别装置及执行机构工作的有效性和可靠性。检查系统的开门、关门、记录、统计、打印等处理功能，应准确无误。

① 按《出入口控制系统技术要求》GA/T394 等国家现行相关标准的规定，检查并调试系统设备，如读卡机、控制器等，系统应能正常工作。

② 对各种读卡机在使用不同类型的卡（如通用卡、定时卡、失效卡、黑名单卡、加密卡、防劫持卡等）时，调试其开门、关门、提示、记忆、统计、打印等判别与处理功能。

③ 按设计要求，调试出入口控制系统与报警、电子巡查等系统间的联动或集成功能。

④ 对采用各种生物识别技术装置（如指纹、掌形、视网膜、声控及其复合技术）的出入口控制系统的调试，应按系统设计文件及产品说明书进行。

（5）访客（可视）对讲系统调试。主要检查与调试系统的选呼、通话、电控开锁、紧急呼叫等功能。

① 按国家现行标准《楼寓对讲电控防盗门通用技术条件》GA/T72 和《黑白可视对讲系统》GA/T269 的要求，调试门口机、用户机、管理机等设备，保证工作正常。

② 按国家现行标准《楼寓对讲电控防盗门通用技术条件》GA/T72 的要求，调试系统的选呼、通话、电控开锁等功能。

③ 调试（可视）对讲系统的图像质量，应符合《黑白可视对讲系统》GA/T269 标准的相关要求。

④ 对具有报警功能的访客（可视）对讲系统，应按现行国家标准《防盗报警控制器通用技术条件》GB12663 及相关标准的规定，调试其布防、撤防、报警和紧急求助功能，并检查传输及信道是否有堵塞情况。

（6）电子巡查系统调试

① 调试系统组成部分各设备，均应工作正常。

② 检查在线式信息采集点读值的可靠性、实时巡查与预置巡查的一致性，并查看记录、存储信息及在发生不到位时的即时报警功能。

③ 检查离线式电子巡查系统，确保信息钮的信息正确，数据的采集、统计、打印等功能正常。

（7）停车库（场）管理系统调试。主要检查与调试系统车位显示、行车指示、入口处出票与出口处验票、计费与收费显示、车牌或车型识别及意外情况发生时向外报警等功能。

① 检查并调整读卡机刷卡的有效性及其响应速度。

② 调整电感线圈的位置和响应速度。

③ 调整挡车器的开放和关闭的动作时间。

④ 调整系统的车辆进出、分类收费、收费指示牌、导向指示、挡车器工作、车牌号复核或车型复核等功能。

（8）采用系统集成方式的系统调试。安全防范系统的各子系统应先独立调试、运行；当采用系统集成方式工作时，应按设计要求和相关设备的技术说明书、操作手册，检查和调试统一的通信平台和管理软件后，再将监控中心设备与各子系统设备联网，进行系统总调，并模拟实施监控中心对整个系统进行管理和控制、显示与记录各子系统运行状况及处理报警信息数据等功能。

① 按系统的设计要求和相关设备的技术说明书、操作手册，先对各子系统进行检查和调试，应能正常工作。

② 按照设计文件的要求，检查并调试安全管理系统对各子系统的监控功能，显示、记录功能，以及各子系统脱网独立运行等功能。

系统调试结束后，应根据调试纪录，按表1-3中的要求如实填写调试报告。调试报告经建设单位认可后，系统才能进入试运行。

表 1-3　系统调试报告

编号：

工程名称			工程地址				
使用单位			联系人			电话	
调试单位			联系人			电话	
设计单位			施工单位				
主要设备	设备名称、型号		数量	编号	出厂年月	生产厂	备注
	施工有无遗漏问题			施工单位联系人		电话	
调试情况							
	调试人员（签字）			使用单位人员（签字）			
	施工单位负责人（签字）			设计单位负责人（签字）			
	填表日期						

第 2 章

入侵报警系统设备的工程施工与调试

学习要点

（1）学习各种常用入侵探测器的工作原理，掌握入侵探测器的施工工艺与调试方法。

（2）学习报警主机的功能，掌握报警主机的常规施工工艺与编程调试方法。

（3）会根据相应的安全防范系统（工程）设计文件施工与调试入侵探测器和报警主机，通过对某型号的入侵探测器、报警主机的施工与调试，掌握入侵报警系统的施工工艺与调试方法。实现入侵探测报警功能。

入侵报警系统（Intruder Alarm System，IAS）是指利用传感器技术和电子信息技术探测并指示非法进入或试图非法进入设防区域（包括主观判断面临被劫持或遭抢劫或其他危急情况时，故意触发紧急报警装置）的行为、处理报警信息、发出报警信息的电子系统或网络，是由多个报警器组成的点、线、面、空间及其组合的综合防护报警体系，一般包括前端、传输、后端（信息处理、显示、通信、控制）三大单元，如图 2-1 所示。其中前端指的是各类探测器与手动控制装置（紧急报警按钮）。

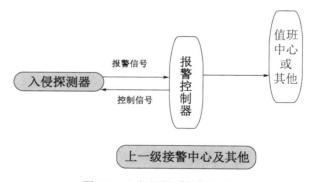

图 2-1　入侵报警系统的组成

2.1　紧急报警按钮的施工与调试

1. 入侵探测器介绍与分类

入侵探测器，又称为入侵报警探头，施工于防范现场，专门用来探测移动目标。它决定报警系统的性能、用途和系统的可靠性，是降低误报和漏报的决定性因素之一。

入侵探测器通常由传感器和前置信号处理器组成。有的入侵探测器只有传感器，没有前置信号处理器。传感器是入侵探测器的核心部分，是一种可以在两种不同物理量之间进行转换的装置。在入侵探测器中，传感器将被测的物理量（如力、重量、位移、速度、加速度、振动、冲击、温度、声响、光强等）转换成相对应的、易于精确处理的电量（如电流、电压），往往称该电量为原始电信号。

前置信号处理器将原始电信号进行加工处理，如放大、滤波等，使它成为适合在信道中传输的信号，称为探测电信号。

入侵探测器有多种类型，可以根据不同的性能要求分类。

（1）按使用场所不同可分为户内型入侵探测器、户外型入侵探测器、周界入侵探测器和重点物体防盗入侵探测器等。

（2）按探测原理不同可分为雷达式微波探测器、微波墙式探测器、主动式红外探测器、被动式红外探测器、开关式探测器、超声波探测器、声控探测器、振动探测器、玻璃破碎探测器、电场感应式探测器、电容变化探测器、微波/被动红外双技术探测器、超声波/被动红外双技术探测器等。

（3）按警戒范围可分为点控制型探测器、线控制型探测器、面控制型探测器及空间控制型探测器。入侵探测器分类如表 2-1 所示。

（4）按工作方式可分为如下两类。

① 主动式探测器：在工作时，入侵探测器本身要向防范现场不断发出某种形式的能量，如红外光、超声波和微波等能量。

② 被动式探测器：在工作时，入侵探测器本身不需要向防范现场发出能量，而是依靠直接接收被探测目标本身发出或产生的某种形式的能量，如振动、红外能量等。

表 2-1 入侵探测器分类表

警戒范围	入侵探测器种类
点控制型	开关式探测器
线控制型	主动式红外探测器、激光式探测器、光纤式周界探测器
面控制型	振动探测器、声控探测器、微波\被动红外双技术探测器、玻璃破碎探测器
空间控制型	雷达式微波探测器、微波墙式探测器、被动式红外探测器、超声波探测器、声控探测器、视频探测器、微波/被动红外双技术探测器、超声波/被动红外双技术探测器、声控型单技术玻璃破碎探测器、次声波-玻璃破碎高频声响双技术探测器、泄漏电缆探测器、振动电缆探测器、电场感应式探测器、电容变化式探测器

2. 开关式探测器

紧急报警按钮属于开关式传感器，常用的开关式传感器有紧急报警开关、微动开关、磁控开关、压力垫或用金属丝、金属条、金属箔等来代用的多种类型的开关，它们可以将压力、磁场力或位移等物理量的变化转换为电压或电流的变化。开关式探测器通常属于点控制型探测器，通过各种类型开关接点的闭合或断开状态触发电路报警。

（1）紧急报警开关。紧急报警按钮一般有盒式明装型和 86 面板暗装型两种，如图 2-2 所示，常宜施工在隐蔽处，一般施工在墙上，施工高度为底边距地 1.4m。在有紧急情况时按下按钮报警，复位时需要专用钥匙。一般接两根信号线即可，如图 2-3 所示。

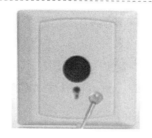（a）86面板暗装型紧急报警按钮 （b）盒式明装型紧急报警按钮

图 2-2　紧急报警按钮外形图

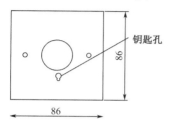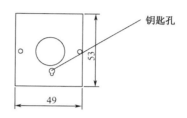

（a）86面板暗装型紧急报警按钮　　　　　　（b）盒式明装型紧急报警按钮

图 2-3　紧急报警按钮尺寸图

（2）微动开关。微动开关需要靠外部的作用力通过传动部件带动，将内部弹簧片的触点接通或断开，从而发出报警信号，这种开关一般做成一个整体部件，如图 2-4 所示。

微动开关一般是两个触点，也有三个触点的，如图 2-5 所示。图 2-5（a）所示的两个触点的按钮开关，只要按钮被压下，A、B 两点间即可接通，压力去除，A、B 两点间断开；图 2-5（b）为三个触点的按钮开关，A、B 两点间为常闭，A、C 两点间为常开。

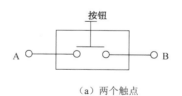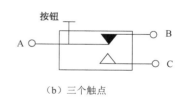

（a）两个触点　　　　　　　　（b）三个触点

图 2-4　微动开关外形图　　　　　图 2-5　微动开关工作原理

微动开关的优点是：结构简单、施工方便、价格便宜、防震性能好、触点可承受较大的电流，而且可以施工在金属物体上。缺点是：抗腐蚀性及动作灵敏程度不如磁控开关。

（3）磁控开关。磁控开关是由永久磁铁块及干簧管两部分组成的。干簧管是一个内部充有惰性气体（如氮气）的玻璃管，其内装有两个金属弹簧片，形成触点 A 和 B，如图 2-6 所示。

磁控开关封装有嵌入式、表面式和金属专用 3 种，其外形如图 2-7 所示。

当需要用磁控开关去警戒多个门、窗时，可采用串联方式。

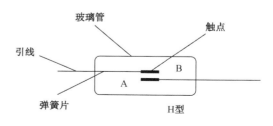

图 2-6　磁控开关原理图

（a）嵌入式

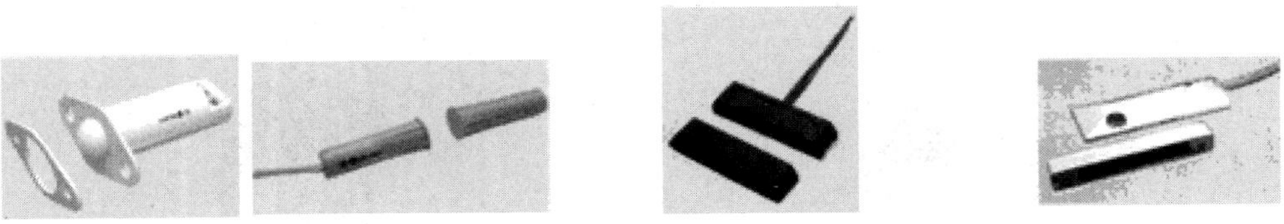

（b）表面式

（c）金属专用

图 2-7　磁控开关外形图

（4）压力垫。压力垫外形如图 2-8 所示。压力垫由两条平行放置的具有弹性的金属带构成，中间有几处用很薄的绝缘材料（如泡沫塑料）将两块金属带支撑着绝缘隔开，如图 2-9 所示。两块金属带分别接到报警电路中，相当于一个触点断开的开关。压力垫通常放在窗户、楼梯和保险柜周围的地毯下面。当入侵者踏上地毯时，人体的压力会使两根金属带相通，使终端电阻被短路，从而触发报警。

图 2-8　压力垫外形图

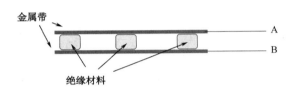

图 2-9　压力垫工作原理

（5）带有开关的防抢钱夹。从外表上看，它就是一个很平常的可以夹钞票的钱夹子，如图 2-10 所示。

（6）用金属丝、金属条、导电性薄膜等导电体的断裂来代替开关。利用导电、导通性，当导电体断裂时相当于不导电，即产生了开关的变化状态，从而作为简单的开关使用。

3．探测器的报警触发方式

探测器报警输出信号，从而触发报警控制主机报警。探测器输出的信号一般有两种：一种是短路报警方式（开关触点的闭合），称为常开型探测器；另一种是开路报警方式（开关触点的断开），称为常闭型探测器。如图 2-11 所示。

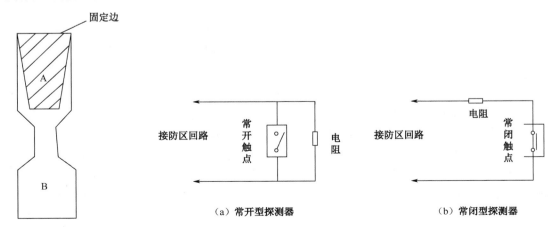

图 2-10　带有开关的防抢钱夹

图 2-11　探测器触发报警方式

（1）短路报警方式。当探测器正常时，开关断开，因此线末电阻与之并联，而当探头触发时，开关闭合，回路电阻为零，该防区报警。

（2）探测器报警方式。探头正常时，开关闭合，因此线末电阻与之串联，当探头触发时，开关断开，回路电阻为无穷大，该防区报警。

2.1.1　紧急报警按钮施工与调试方法

1. 紧急报警按钮接线端子

（1）86面板暗装型紧急报警按钮。翻转86面板暗装型紧急报警按钮，可见其接线端子，如图2-12所示，分别是NC、NO和COM端。

（2）盒式明装型紧急报警按钮。打开盒式明装型紧急报警按钮的外壳固定螺钉，可见NC、NO和COM端，如图2-13所示。

图2-12　86面板暗装型紧急报警按钮的内部图

图2-13　盒式明装型紧急报警按钮的内部图

紧急报警按钮的内部接线端子如图2-14所示。

2. 施工流程

紧急报警按钮施工流程如图2-15所示。

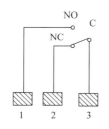

图2-14　紧急报警按钮的内部接线端子

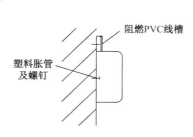
（a）盒式明装型　　　　（b）86面板暗装型
图2-15　紧急报警按钮施工流程图

（1）施工前首先应检查施工位置墙面或固定件，施工面应坚实、不疏松。若施工面不够坚实，在施工过程中必须采取加固措施。

（2）将报警按钮从包装盒内取出，检查器件是否完好，用万用表电阻挡或蜂鸣器挡测量NC、NO和COM各端子的导通性是否完好；拧下报警按钮面盖固定螺钉，拆开报警按钮，将按钮及拆下的螺钉放入包装盒妥善保管。

（3）86面板暗装型紧急报警按钮施工前，先检查建筑施工预留施工盒与报警按钮是否匹配。若匹配，将报警按钮底盒施工孔与预留盒施工孔对正，直接用螺钉将报警按钮底盒固定在预留盒上即可；若不匹配，先在预留盒上施工过渡底板，然后用螺钉将报警按钮底盒固定在过渡底板上；若未预留施工盒，将报警按钮底盒与施工面贴平摆正，用记号笔在施工盒底施工孔位置做好标记，再用冲击钻在施工孔标记处打孔（水泥墙、砖墙是用不小于 $\phi6$ 的冲击钻钻透，金属构件上使用不小于 $\phi3.2$ 的钻头钻孔并用适当的丝锥攻螺纹，使用机制螺钉施工，在其他质地疏松的墙壁上施工时应采取加固措施）。

（4）将适宜的塑料胀管塞入，使塑料胀管入钉孔与墙面平齐。

（5）将报警按钮施工盒固定孔与墙面施工孔对正，用适宜的自攻螺钉将施工盒牢固固定。

（6）将紧急报警按钮的连接线缆从施工盒的过线孔穿入，根据入侵报警控制主机要求连接信号线缆。

（7）将按钮及盖面按原位装入，并将固定螺钉拧紧。

（8）盒式明装型紧急报警按钮施工前先卸下外壳，露出施工螺钉口，接线完成后，将按钮施工于指定位置后，合上外壳。

3．调试说明

（1）紧急报警按钮的常开型触点输出调试。按图 2-16 所示接线，验证紧急报警按钮的常开触点。

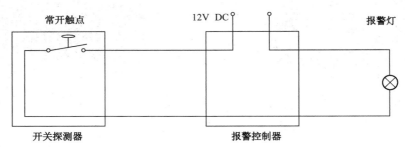

图 2-16　常开型触点输出原理图

（2）紧急报警按钮的常闭型触点输出调试。按图 2-17 所示接线，验证紧急报警按钮的常闭触点。

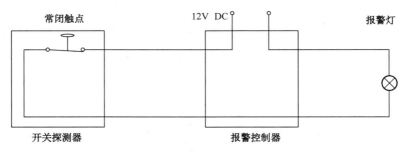

图 2-17　常闭型触点输出原理图

2.1.2　紧急报警按钮的施工与调试实训

1．设备、器材

HO-01 盒式明装型紧急报警按钮（或 86 面板暗装型）1 个、二芯线缆若干、闪光报警灯

1个、直流12V电源1个、万用表1个、螺丝刀若干。

2.紧急报警按钮的施工与调试实训引导文

1）实训目的

（1）通过完成紧急报警按钮施工与调试实训任务，能够按工程设计及工艺要求正确检测、施工、连线与调试紧急报警按钮。

（2）对设备的施工质量进行检查。

（3）编写施工与调试说明书（注明施工注意事项）。

2）必备知识点

（1）了解有源设备与无源设备。

（2）了解当前紧急报警按钮的主流品牌与安装方式。

（3）熟悉NC、NO、COM的含义与使用。

（4）熟悉紧急报警按钮的不同安装方式。

（5）思考如何使用电源、紧急报警按钮与警灯构成报警电路。

（6）思考紧急报警按钮如何接入报警主机中。

3）施工说明

（1）施工前的准备

① 掌握紧急报警按钮的组成、结构和工作原理，各接线端子的作用和功能，掌握系统的工作原理图。

② 紧急报警按钮产品质量检查。

打开外壳固定螺钉；用万用表电阻挡或蜂鸣器挡测量NC、NO和COM各端子的导通性是否完好，并完成下表，将按钮和弹簧片取出。

电路状态	NO与COM之间	NC与COM之间
正常		
报警		

（2）施工过程

① 按紧急报警按钮施工图位置的要求画施工定位线（在图中注明按钮的施工孔尺寸，在实际工程施工中可用附带的钻孔纸样贴在将要施工的地方确定孔位）并打孔。

② 明装型报警按钮需锯开出/入线孔；暗装型忽略此步骤。

③ 将紧急报警按钮的线缆穿过按钮的穿线孔。

④ 将线理好，用螺钉固定按钮。

⑤ 接线。

⑥ 放入弹簧片和按钮。

⑦ 检查。

⑧ 合上外壳。

4）施工注意事项

（1）紧急按钮施工要按工艺图中位置施工。

（2）开壳检测和施工的过程中注意弹簧片的保护。

（3）实训结束，使用CAD制图，画出内部端子图、电路连接图、施工示意图等。

3．任务步骤

（1）根据任务要求列出所需工具，领取实验器材（包括实验工具和元器件）。

（2）分组，以组为单位进行课程练习。

（3）按实训要求检测其报警开关是否正常后，将紧急报警按钮施工在指定位置上，用电源、警灯等构建成一个简单的入侵报警检测电路。

（4）经老师检查接线正确后，通电（注意：一定要检查，防止损坏实验器材）。

（5）调试，使电路能够正常工作，在出现紧急情况时，可以报警。

（6）按照引导文写出设备施工调试说明书。

2.2 主动红外探测器的施工与调试

1．主动红外探测器介绍

主动红外探测器是由接收器和发射器两部分组成的，一般有单束、双束和四束 3 种类型，工作时，由发射器向接收器发出脉冲不可见的红外光束，当红外光束被阻挡时，接收器将输出报警信号。单光束主动红外探测器属于线控制型探测器，其控制范围为一线状分布的狭长的空间。多光束主动红外探测器的探测范围可以形成一个面，施工在窗户、围墙和重要出入口等周界。

如图 2-18 和图 2-19 所示，主动式红外探测器由红外发射器、红外接收器、信息处理器 3 部分组成，以发射器与接收器设置的位置不同分为遮断式施工方式和反射式施工方式。遮断式红外发射器从警戒区域的一侧发出红外光束投射到另一侧的红外接收器上，当有目标遮挡红外光束时，接收器接收不到红外光束信号，信息处理器就会发出报警信号。

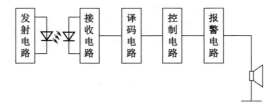

图 2-18　遮断式主动红外探测器框图

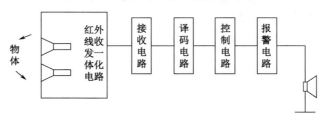

图 2-19　反射式主动红外探测器框图

反射式主动红外探测器的接收器不是直接接收发射器发出的红外光束，而是接收由反射镜或适当的反射物（如石灰墙、门板表面光滑的油漆层）反射回的红外光束。当反射面的位置与方向发生变化或红外发射光束和反射光束之一被阻挡而使接收器无法接收到红外反射光束时发出报警信号。

2．主动红外探测器的施工调试原则

当使用较多的主动红外探测器进行防范布局时应该注意消除射束的交叉误射，如图 2-20 所示。

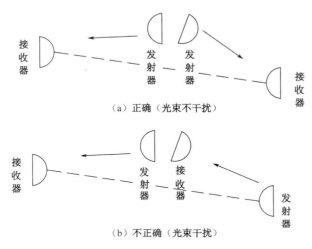

（a）正确（光束不干扰）

（b）不正确（光束干扰）

图 2-20　主动红外探测器施工图

1）施工原则

（1）主动红外探测器施工时，接收端与发射端之间不得有遮挡物。

（2）主动红外探测器接收端与发射端施工高度应基本保持在同一水平面上，以方便设备调试和保证防范效果。

（3）主动红外探测器在高温、强光直射等环境下使用时，应采取适当的防晒、遮阳措施。

（4）设置在地面周界的探测器，其主要功能是防备人的非法通行，为了防止宠物、小动物等引起误报，探头的位置一般应距离地面 50cm 以上。遮光时间应调整到较快的位置上，对非法入侵做出快速反应。

（5）设置在围墙上的探测器，其主要功能是防备人为的恶意翻越，因此施工方式有顶上施工和侧面施工两种均可。顶上施工探测器的位置应高出栅栏、围墙顶部 20cm，以减少在墙上活动的小鸟、小猫等引起的误报。侧面施工则是将探头施工在栅栏、围墙靠近顶部的侧面，一般是作墙壁式施工，施工于外侧的居多。这种方式能避开小鸟、小猫的活动干扰。

（6）用于窗户防护时，探测器的底边高出窗台的距离不得大于 20cm。

（7）施工在弧形或不规则围墙、栅栏上的探测器，其探测斜线距围墙、栅栏弧沿的最大弦高不能大于 20cm；弦沿最大弦高超过 20cm 时必须增加探测器数量来分割。

另外，主动红外探测器都要求施工支架稳定牢固，不应该有摇晃现象，否则可能导致探测器误报警，同时探测范围内不应该有遮挡的树枝、杂草等，以免引起太多的误报。对于某些复杂、形状多变的区域难以成形，要考虑探测区域的直线化。

2）施工方法

主动红外对射探测器的施工方法主要有壁式施工与立柱式施工两种。

（1）壁式施工方法。壁式施工通常是指不需要借助其他的设备，直接将探测器施工在墙面上。将主动红外探测器外罩固定螺丝松开后将外罩取出，将探测器底板固定孔与施工孔对

正，并将导线从底板过线孔穿出，用适合的自攻螺钉将底板牢固固定即可，如图 2-21 所示。

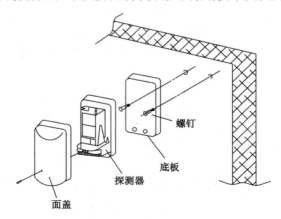

图 2-21　主动红外探测器壁装方法

（2）立柱式施工方法。立柱式施工是指将探测器施工在指定的立柱上，立柱一般有圆形和方形两种。早期比较流行的是圆形截面支柱，现在的情况正好与之相反，方形支柱在工程界越来越流行。主要是探测器施工在方形支柱上没有转动、不易移动。不管是圆形立柱还是方形立柱，一定要保证走线有效地穿管暗敷，不能使线路裸露在空中。

主动红外探测器立柱式施工时，应根据探测器的警戒范围确定适当的施工高度，用随机附带的管卡或定制的抱箍、螺钉加带平垫片和弹簧垫圈，将探测器底板固定在立柱上，并保证底板与立柱支架紧固连接，如图 2-22 所示。

立柱的固定必须坚实牢固，没有移位或摇晃，以利于施工和设防、减少误报。立柱固定方法如图 2-23 所示。

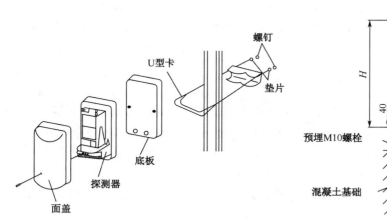

图 2-22　主动红外线探测器立柱式施工示意图

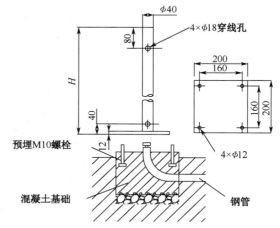

图 2-23　立柱固定施工示意图

3）主动红外对射探测器的调试原则

（1）发射端光轴调整。打开探头的外罩，把眼睛对准瞄准器，利用上下反射镜中心位置的瞄准孔，开始投光器的光轴校准。

① 将眼睛置于瞄准孔约 45°角处，对准瞄准孔。

② 调整发射端的反射罩直到可看到接收端的中心点。

③ 利用手旋转本体调整左右位置，利用垂直调整螺丝做上下调整。

反复调整使瞄准器中对方探测器的影像落入中央位置。在调整过程中注意不要遮住了光轴，以免影响调整工作。

发射端光轴的调整对防区的感度性能影响很大，应一定要按照正确步骤仔细反复调整。

（2）接收端光轴调整。

① 按照和"发射端光轴调整"一样的方法对接收端的光轴进行初步调整。此时接收端上红色警戒指示灯熄灭，绿色指示灯长亮，而且无闪烁现象，表示套头光轴重合正常，发射端、接收端功能正常。

② 接收端上有两个小孔，上面分别标有"+"和"−"，用于测试接收端所感受的红外光束强度，其值用电压来表示，称为感光电压。将万用表的测试表笔（红"+"、黑"−"）插入测量接收端的感光电压。反复调整镜片系统使感光电压值达到最大值。这样探头的工作状态达到了最佳状态。

（3）遮光时间调整。遮光时间，即灵敏度。在接收端上设有遮光时间调节钮，一般探测器的遮光时间在 50～500m/s 间可调，探测器在出厂时，工厂里将探测器的遮光时间调节到一个标准位置上，在通常情况下，这个位置是一种比较适中的状态，都考虑了环境情况和探头自身的特点，所以没有特殊的原因，也无须调节遮光时间。如果因设防的原因可以调节遮光时间，以适应环境的变化。一般而言，遮光时间短，探头敏感性就快，但对于像飘落的树叶、飞过的小鸟等的敏感度也强，误报警的可能性增多。遮光时间长，探头的敏感性降低，漏报的可能性增多。工程师应根据设防的实际需要调整遮光的时间。

2.2.1　主动红外探测器的施工与调试方法

1．主动红外探测器接线端子

市场上出售的主动红外探测器品牌很多，但是其接线端子和施工调试方法是雷同的。本文以博世 DS422 主动红外探测器为例进行介绍。

拆下固定螺丝取下外罩，如图 2-24 和图 2-25 所示。接线端子如图 2-26 所示。

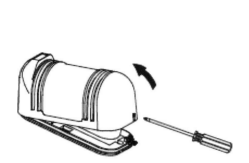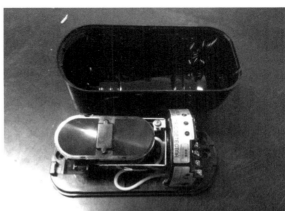

图 2-24　主动红外探测器外形图

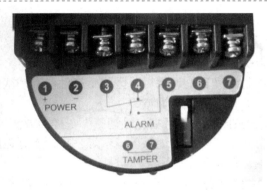

图 2-25　主动红外探测器接线内部端子图

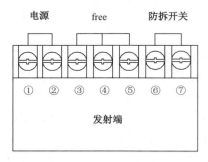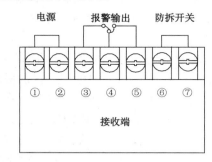

图 2-26　主动红外探测器接线端子图

2．施工流程

（1）拆开主动红外探测器接收端外壳，辨认常开接线端子、常闭接线端子、接收端防拆接线端子、接收端电源端子、光轴测试端子、遮挡时间调节钮、工作指示灯等。

（2）拆开主动红外探测器发射端外壳，辨认发射端防拆接线端子、发射端电源端子、工作指示灯。

（3）确定施工方式与高度，拆下探测器底板，若壁式施工，则将附带的取付型纸贴在将要施工的位置上，按其孔位打孔，如图 2-27 所示。

若是立柱式施工，则在立柱上开好引线孔，并引出电缆线；立柱无法开孔，则直接沿支架走线，并固定牢固。如图 2-28 所示。

图 2-27　墙壁打孔　　　　　　　　　　　图 2-28　立柱开孔

（4）将电缆穿过配线孔进行配线。将发射端与接收端的线缆通过底座的引线槽引出，压接在探测器的接线端子上，将多余的线缆盘回盒内。

（5）壁式施工只需把探测器底板固定在相应的墙面上即可；立柱式施工，则将施工钢板通过 U 形钢环固定在支架上，再将探测器底板固定在施工钢板上，完成施工，如图 2-29 所示。

（6）最后将探测器外罩盖上，完成施工过程。

图 2-29　主动红外探测器支柱式施工示意图

3．调试说明

（1）主动红外探测器的常开型触点输出调试。按图 2-30 所示接线，验证主动红外探测器的常开触点。

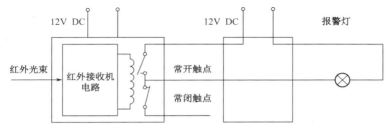

图 2-30　常开触点输出原理图

（2）主动红外探测器的常闭型触点输出调试。按图 2-31 所示接线，验证主动红外探测器的常闭触点。

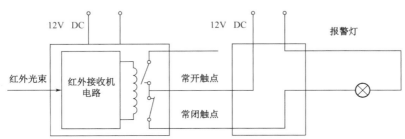

图 2-31　常闭触点输出原理图

（3）主动红外探测器防拆与常闭触点串联输出调试。按照图 2-32 所示接线，验证防拆与常闭触点输出报警功能。

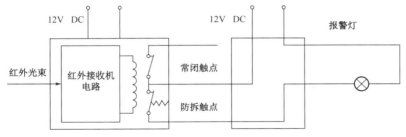

图 2-32　防拆与常闭触点输出原理图

2.2.2 主动红外探测器的施工与调试实训

1. 设备、器材

博世 DS422 主动红外探测器 1 对、施工支架 1 对、二芯线缆与六芯线缆若干、闪光报警灯 1 个、直流 12V 电源 1 个、万用表 1 个、螺丝刀若干、水平尺 1 把。

2. 主动红外探测器的施工与调试实训引导文

1）实训目的

（1）通过完成主动红外探测器施工与调试实训任务，能够按工程设计及工艺要求正确检测、施工、连线与调试探测器。

（2）对设备的施工质量进行检查。

（3）编写施工与调试说明书（注明施工注意事项）。

2）必备知识点

（1）掌握主动红外探测器的工作原理。

（2）了解当前主动红外探测器的主流品牌与安装方式。

（3）能区分发射端与接收端。

（4）熟悉探测器的接线端子及其使用方法。

（5）熟悉主动红外探测器的不同安装方式。

（6）思考如何使用电源、主动红外探测器与警灯构成报警电路。

（7）思考主动红外探测器如何接入报警主机中。

3）施工说明

（1）施工前的准备

① 掌握主动红外探测器的组成、结构和工作原理，各接线端子的作用和功能；掌握系统的工作原理图。

② 主动红外探测器产品质量检查。

a. 将室外主动红外探测器从包装盒内取出，根据现场警戒距离核对要施工设备的型号及探测距离，仔细对照图样核对要施工的设备。施工前特别注意检查探测器的密封效果，探测器密封应完整、可靠。

b. 用螺钉旋具将探测器面盖的固定螺钉取下，拆下探测器面盖，露出探测器进线孔、接线端子排，并将拆下的面盖、螺钉妥善保管。

c. 辨认发射端与接收端，观察有什么区别，用图表示。

d. 仔细辨认接收端电源接线端、工作指示灯、防拆触点。

e. 仔细辨认发送端电源接线端、工作指示灯、防拆触点、常开报警输出触点、常闭报警输出触点、光轴测试端子、遮挡时间调节钮、工作指示灯等，用图表示。

f. 用万用表电阻挡或蜂鸣器挡测量 NC、NO 和 COM 各端子的导通性是否完好。

（2）施工过程

① 根据探测器的警戒范围确定适当的施工高度，用随机附带的管卡或定制的管卡、螺钉加带平垫片和弹簧垫圈，将探测器底板固定在立柱或墙面上，并保证底板与施工面紧固连接。

② 将探测器连接线缆沿引线槽引入探测器接线端子排，用随机附带的施工螺钉或选配适

当长度的螺钉将探测器固定在底板上。（在图中注明按钮出/入线孔的具体位置）

③ 根据探测器连线说明书连接电源线缆，确保探测器电源正负极的连线正确。

④ 自己再次检查施工与接线。

⑤ 使用探测器报警输出触点与防拆开关、12V 电源、警灯构成一个报警电路。

⑥ 经老师检查确认无误后，通电调试。

先用瞄准镜，再调光轴电压。调整主动红外探测器的发射端与接收端，用万用表直流电压挡测量主动红外探测器光轴电压，直至电压值出现最大值。记录最大的感光电压值。

⑦ 调整遮光时间，察看对灵敏度的影响，找出它们之间的关系，并完成下表。

遮光时间	短	长
灵敏度		

⑧ 合上外壳。

4）施工注意事项

（1）发射端和接收端施工高度应基本保持在同一水平面上，以方便设备调试和保证防范效果。

（2）对射式主动红外探测器施工时接收端与发射端之间不得有遮挡物，以免引起误报。

（3）螺钉谨防丢弃。

（4）主动红外探测器涉及的线路绝对不能明敷，必须穿管暗设，这是探测器工作安全性的最起码的要求。

（5）施工在围墙上的主动红外探测器，其射线距墙沿的最远水平距离不能大于 30m，这一点在围墙以弧形拐弯的地方需特别注意。

（6）施工支架稳定牢固，以免误报警。

（7）发射端与接收端不可弄错，否则对施工容易交叉干扰。

（8）发射端和接收端均需供电。

（9）在支架上使用 U 形钢环固定施工钢板时要注意上螺丝的方向。

（10）做好穿线工作，切不可压线。

（11）配线接好后，请用万用表的电阻挡测试探头的电源端，确定没有短路故障后方可接通电源进行调试。

（12）实训结束，使用 CAD 制图，画出内部端子图、电路连接图、施工示意图等，并要求完成施工调试说明书。

3．任务步骤

（1）参照调试说明，用主动红外探测器和警灯构成一个最简单的报警电路，并列出材料与工具清单。

（2）分组，以组为单位进行课程练习，并领取实验器材。

（3）检查领取的主动红外探测器的质量和外观，查看防拆按钮是否完好，接线端子是否完好等。

（4）将主动红外探测器施工在指定立柱上，将电源、警灯、探测器常开输出和发射端、接收端的防拆开关串接构成一个简单的入侵报警检测电路。（注意：探测器发射端与接收端的供电）。

（5）经老师检查接线正确后，通电（注意：一定要检查，防止损坏实验器材）。

（6）调试，使电路能够正常工作，在出现紧急情况时，可以报警。

首先目测发射器、接收器是否位于同一水平线上；然后用一吊线锤，测试一下发射器、接收器是否同时垂直。调整方法如下。

① 打开探头的外罩，把眼睛对准瞄准器，观察瞄准器内影像的情况，调整上下角度调整螺钉及水平角度调整轮，如图 2-33 所示。探头的光学镜片可以直接用手在 180° 范围内左右调整，用螺丝刀调节镜片下方的上下调整螺丝，镜片系统有上下 12° 的调整范围，反复调整使瞄准器对准探测器的影像落入中央位置。在调整过程中注意不要遮住了光轴，以免影响调整工作。

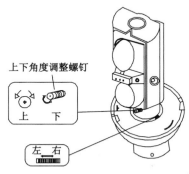

图 2-33　主动红外探测器内部结构图

② 观察接收器上信号强度灯的亮度，亮度最大，无闪烁现象，且报警灯不亮，表示发射器、接收器基本在同一水平线上，功能正常。

③ 接收器上有两个小孔，上面分别标有"+"和"−"。用于测试接收器所感受的红外线强度，其值用电压来表示，称为感光电压。将万用表的测试表笔（红"+"、黑"−"）插入测量接收端的感光电压。反复调整镜片系统使感光电压值达到最大值。正常工作输出电压要大于 2.7V DC，一般越大越好，如图 2-34 所示。

图 2-34　万用表测试感光电压

（7）完成接线，检查无误，闭合探测器外壳，闭合电源开关，然后人为阻断红外线，观察闪光报警灯的变化。

（8）改变遮光时间调节钮，观察闪光报警灯的响应速度。

调试过程遇到的常见故障及原因和对策如表 2-2 所示。

表 2-2　主动红外探测器常见故障及原因和对策

故障	故障原因	对策
发射端指示灯不亮	电源电压不适合（断路、短路等）	检查电源配线
接收端指示灯不亮	电源电压不适合（断路、短路等）	检查电源配线
光线被遮断，受光器的报警指示灯不亮	1．因反射或其他投光器的光线进入受光器 2．两条光束没有同时被遮断 3．遮光时间设定过短	1．除去反射物体或变更光轴方向 2．同时遮断两束光 3．延长遮光时间
遮断光线后，受光器报警指示灯亮，但无警报信号输出	1．配线断路或短路 2．触点接触不良	1．检查配线和触点 2．重新接好配线
接收端的报警指示灯亮	1．光轴不重合 2．投、受光器之间有障碍物 3．外罩被污染物污染	1．重新调整光轴 2．清除障碍物 3．清洗外罩
经常误报	1．配线不良 2．电源供电电压不能达到13V或以上 3．投、受光器之间的潜在障碍物受风雨影响而显挡出遮挡光束。 4．施工基础不稳定 5．光轴重合精度不够 6．其他移动物体遮光 7．反应时间过快 8．未盖外壳时第七级指示灯未亮	1．检查配线 2．检查电源 3．去除障碍物或变更设置场所 4．选择基础牢固的场所 5．重新调校光轴 6．调整遮光时间或变更施工场所 7．重新调整遮光时间 8．重新调校好光轴，使接收信号达到最佳

2.3　被动红外探测器的施工与调试

1．被动红外探测器介绍

被动红外探测器（Passive Infrared Detectors，PIR）本身不发射任何能量而只被动接收探测来自环境的红外辐射。被动红外探测器主要由光学系统（菲涅尔透镜）、热释电传感器（或称为红外传感器）及信号处理电路等部分组成。探测器一旦有人体红外线辐射进来，经光学系统聚焦就使热释电器件产生突变电信号，而发出警报。其工作原理图如图 2-35 所示。

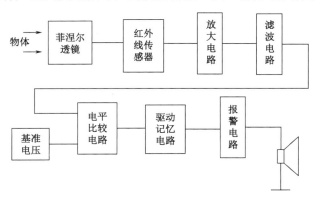

图 2-35　被动红外探测器工作原理图

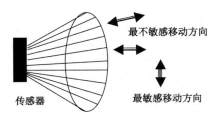

图 2-36　被动红外探测器探测入侵的敏感方向

2. 被动红外探测器的施工调试原则

被动红外探测器对垂直于探测区方向的人体运动最敏感，如图 2-36 所示。布置探测器时应利用这个特性以达到最佳效果，同时还要注意其探测范围和水平视角，安装时要防止死角。

1）施工原则

（1）被动红外探测器安装应注意探测器有效工作距离、角度与现场防范区域是否相符，并注意不得留有死角。

（2）壁挂式被动红外探测器应安装在可能入侵方向成 90°的方位，高度为 2.0～2.2m，并视防范具体情况确定探测器与墙壁的倾角。

（3）吸顶式被动红外探测器一般安装在防范部位上方的天花板上，必须水平安装。

（4）被动红外探测器安装在楼道时，必须安装在楼道端，视场沿楼道走向，高度为 2.2～2.2m。

（5）被动红外探测器不允许安装在暖气片、电加热器、火炉等热源正上方；不准正对空调、换气扇等物体；不准正对防范区内运动和可能运动的物体，如电扇、晒挂的衣物、窗帘等容易移动的物体，动物活动频繁的地方也应该避免，如果实际需要又难以避免的话，那么特别注意要选用防宠物型的探测器；防止光线直射探测器，探测器正前方不准有遮挡物。

2）施工方法

被动红外对射探测器的施工方法主要有壁挂式施工与吸顶式施工两种。

（1）壁挂式施工方法。壁挂式施工只需直接将探测器施工在墙面上。将被动红外探测器外罩固定螺丝松开后将外罩取出，将探测器底板固定孔与施工孔对正，并将导线从底板过线孔穿出，用适宜的自攻螺钉将底板牢固固定完成即可，要求其视场轴线和可能入侵方向呈 90°，以获得最大灵敏度。壁挂式被动红外探测器外形及安装示意图如图 2-37 和图 2-38 所示，将探测器底板与支架安装面居中贴平，用记号笔按照支架安装孔位置做好标记，根据支架安装孔的孔径大小使用适当的钻头在探测器底板上开安装孔。用适当长度的沉头机制螺钉将探测器底板固定在支架上。

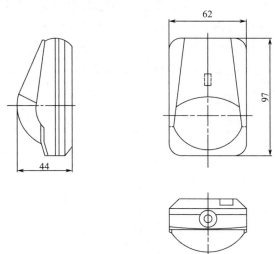

图 2-37　壁挂式被动红外入侵探测器外形图

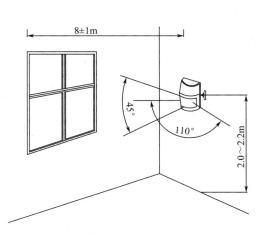

图 2-38　壁挂式被动红外入侵探测器安装示意图

（2）吸顶式施工方法。被动红外探测器吸顶式安装有嵌入式和明装式两种，如图 2-39 所示。被动红外探测器应安装在重点防范部位正上方的屋顶，其探测范围应满足探测区边缘至被警戒目标边缘大于 5m 的要求。吸顶安装时，应在安装设备的位置用适宜的钻头在吊顶上开出线孔，将探测器底板与吊顶贴平，用记号笔按照安装孔位做好标记，根据吊顶出线孔位置在探测器底板上做标记，并用适宜的钻头在探测器底板上开进线孔，并用适当长度的螺钉将探测器底板固定在吊顶上。

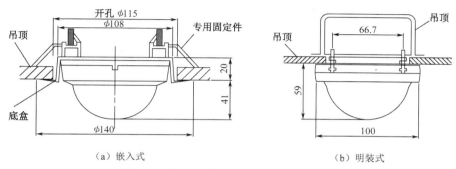

（a）嵌入式　　　　　　　　　　　　　　　（b）明装式

图 2-39　被动红外探测器吸顶式安装方法

3）被动红外对射探测器的调试原则

被动红外探测器主要通过步测方式进行调试，主要调试其最远探测距离、探测角度、最大探测宽度、下视死角区。

（1）探测器上电自检。探测器在通电后 2 分钟内自检和初始化，在这期间内除了指示灯闪烁外，探头不会有任何反应，请等待 2 分钟后再进行步测。要求自检期间探测范围内无移动目标，红色 LED 停止闪烁时，则探测器做好了测试准备，否则应重新检查保护区内影响的干扰因素。

（2）探测器灵敏度选择。一般说来，被动红外探测器灵敏度有标准型和加强型两种，可根据开盖后的探测器电路板上的跳线来完成选择。标准型是指设定可最大限度地防止误报，用于恶劣的环境及防宠物环境；而加强型是指只需遮盖一小部分保护区即可报警，正常环境下使用此设定，可提高探测性能。

（3）查看指示灯。根据被动红外探测器说明书，查看探测器变色 LED 灯的指示情况，从而得知探测器自检、探测器报警、探测器正常警戒的指示灯情况。

（4）步测并调整被动红外探测范围。

① 装上外壳。

② 通电后，至少等待 2 分钟，再开始步测。

③ 步行通过探测范围的最远端，然后向探测器靠近，多测试几次。从保护区外开始步测，观察 LED 灯。触发指示灯报警的位置为被动红外探测范围的边界。

④ 从相反方向进行步测，以确定两边的周界，应使探测中心指向被保护区的中心。

注意：左右移动透镜窗，探测范围可水平移动±10°。

⑤ 从距探测器3～6m 处，慢慢地举起手臂，并伸入探测区，标注被动红外报警的下部边界。重复上述做法，以确定其上部边界。探测区中心不应向上倾斜。

注意：如果不能获得理想的探测距离，则应上下调整探测范围（−10°～2°），以确保探测器的指向不会太高或太低。调整时拧紧调节螺钉，上下移动电路板，上移时被动红外视场区向下移。

⑥ 调整后拧紧螺钉。

2.3.1 被动红外探测器的施工与调试方法

1. 被动红外探测器接线端子

市场上出售的被动红外探测器品牌很多，但是其接线端子和施工调试方法是雷同的。本文以博世 DS940T-CHI 被动红外探测器为例进行介绍，该探测器是壁挂式安装的防宠物型探测器。

将起子插入防拆开关，取下外壳，如图 2-40 和图 2-41 所示。接线端子如图 2-42 所示。

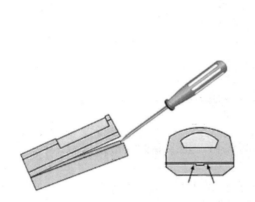

图 2-40　被动红外探测器外形图

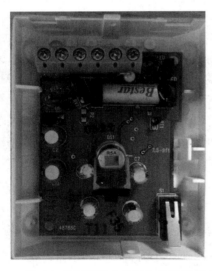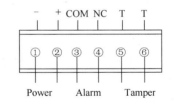

图 2-41　被动红外探测器电路板与接线端子内部图　　　图 2-42　被动红外探测器接线端子图

2. 施工流程

（1）取下外壳，向内按下卡扣，取下电路板，如图 2-43 所示。仔细查看接线端子、灵敏度图像、跳线、工作指示灯等。

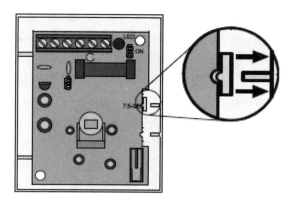

图2-43　电路板图

（2）选择安装位置，将探测器安装在侵入者最可能通过的地方，如图2-44所示。

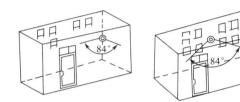

（a）安装在墙角可监视窗户　　（b）安装在墙面监视门窗　　（c）安装在吊顶监视门

图2-44　被动红外探测器的安装位置

（3）确定施工方式与高度。探测器的安装高度为距离地面2.25～2.7m。拆下探测器底板，若壁挂式施工，则按其孔位打孔，如图2-45所示。

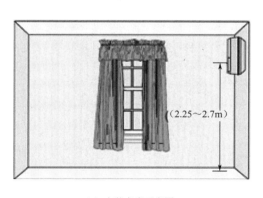

（a）安装高度示意图　　　　　　　　　　　　（b）背板安装孔位

图2-45　安装高度示意图

（4）将电缆穿过配线孔进行接线。按图2-42所示接线。将导线穿过导线入口，布线期间应确保导线没有通电。

（5）接线端子①和②间的电源限制在9～16V DC，装置与电源间应使用#22AWG（0.8mm）的电线。

（6）接线端子③和④间接常闭报警开关回路，探测器报警时此回路将形成开路。

（7）接线端子⑤和⑥连接防拆电路，移开外罩时此回路将形成开路。不要将多余的电线绕在探测器内。

（8）选择灵敏度和 LED 灯。选择时，将短帽放在标有 S 的跳线上时，则为标准型；放在标有 I 的跳线上时，则为增强型。不使用短帽时，灵敏度则为预设的中等型。不使用 LED 灯时，将短帽插在上面两个插针上；使用 LED 灯时，则插在下面两个插针上，如图 2-46 所示。

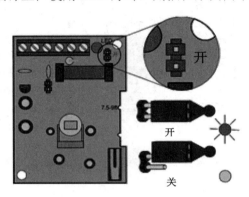

图 2-46　LED 跳线

（9）固定底座。将底座牢固地安装在安装平面上，仅使用随附螺钉，以免损坏电路板。不要把螺钉拧得太紧，因为在初次安装时位置可能不太正确。用随附的海绵封住导线入口。

（10）将电路板重新装回外罩内。

（11）最后将探测器外罩盖上，完成施工过程。

3．调试说明

按图 2-47 所示接线，验证被动红外探测器的常闭触点。接线完成并安装好后，给探测器通电。通电后至少等待 2 分钟，再开始步测。步测时，横穿探测区。触发报警 LED 灯时，则确定为探测区的边缘。从两个方向对探测器进行步测，以确定探测边界。如果达不到预定的探测范围时，则上下调整探测区，使其不要太高或太低，向上移动电路板会使探测区下移。定位后，拧紧垂直调节螺钉，左右旋转透镜可使探测区水平移动±10°。

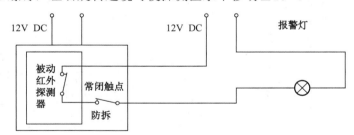

图 2-47　被动红外探测器接线图

2.3.2　被动红外探测器的施工与调试实训

1．设备、器材

博世 DS940T-CHI 被动红外探测器 1 个、二芯线缆与四芯线缆若干、闪光报警灯 1 个、直流 12V 电源 1 个、万用表 1 个、螺丝刀若干、水平尺 1 把、米尺 1 卷。

2. 被动红外探测器的施工与调试实训引导文

1）实训目的

（1）通过完成被动红外探测器施工与调试实训任务，能够按工程设计及工艺要求正确检测、安装、连线与调试探测器。

（2）对设备的施工质量进行检查。

（3）编写施工与调试说明书（注明施工注意事项）。

2）必备知识点

（1）掌握被动红外探测器的工作原理。

（2）了解当前被动红外探测器的主流品牌与安装方式。

（3）熟悉探测器的接线端子及其使用方法。

（4）熟悉被动红外探测器的不同安装方式。

（5）熟悉被动红外探测器最佳探测方向。

（6）思考如何使用电源、被动红外探测器与警灯构成报警电路。

（7）思考被动红外探测器如何接入报警主机中。

3）施工说明

（1）施工前的准备。

① 应掌握被动红外探测器的组成、结构和工作原理，以及各接线端子的作用和功能；掌握系统的工作原理图。

② 被动红外探测器产品的质量。

a. 将被动红外探测器从包装盒内取出，根据现场警戒距离核对要安装设备的型号及探测距离，仔细对照图样核对要安装的设备。安装前特别注意检查探测器的密封效果，探测器密封应完整、可靠。

b. 用螺钉旋具将探测器面盖的固定螺钉取下，拆下探测器面盖，露出探测器进线孔、接线端子排，并将拆下的面盖、螺钉妥善保管。用万用表电阻挡或蜂鸣器挡测量 NC、NO 和 COM 各端子的导通性是否完好。

（2）施工过程。

① 根据探测器的警戒范围确定适当的安装高度，用随机附带的管卡或定制的管卡、螺钉加带平垫片和弹簧垫圈，将探测器底板固定在墙面上，并保证底板与墙面紧固连接。

② 采用壁挂式安装，将探测器底板与安装面居中贴平，用记号笔按照支架安装孔位置做好标记，根据支架安装孔的孔径大小使用适当的钻头在探测器底板上开安装孔。用适当长度的沉头机制螺钉将探测器底板固定在墙面上。

③ 在探测器底板内用绝缘胶布或绝缘垫将安装螺钉钉头覆盖，检查确认安装螺钉钉头的绝缘情况，确保不会搭接电路板造成短路。

④ 将探测器电路板按原位固定在底板上，并将探测器连接线缆沿引线槽引入探测器接线端子排。

⑤ 根据探测器接线说明书连接电源线缆，确保探测器电源正负极的连线正确。

⑥ 根据调试电路的要求连接信号线缆。

⑦ 合上探测器面盖，并将紧固螺钉拧紧。

4）施工注意事项

（1）被动红外探测器安装时要注意探测器窗口与警戒通道的相对角度，防止"死角"。

（2）警戒区域不应用高大的遮挡物及其他频繁活动物体的干扰。室外、太阳直射处、冷热气流下、空调通风口、吊扇等转动的物体下、热源附近、窗户及未绝缘的墙壁、有宠物的地方应避免安装，切勿将探测器对着动物可爬上的楼梯等。

（3）由于红外线的穿透性能较差，在监控区域内不应有障碍物，否则会造成探测"盲区"。

（4）为了防止误报警，不应将被动红外探测器探头对准任何温度会快速改变的物体，特别是发热体。

（5）应使探测器具有最大的警戒范围，使可能的入侵者都能处于红外警戒的光束范围之内；并使入侵者的活动有利于横向穿越光束带区，这样可以提高探测的灵敏度。

（6）壁挂式的被动红外探测器需安装在离地面2～3m的墙壁上。

（7）在同一室内安装数个被动红外探测器时，也不会产生相互之间的干扰。

（8）注意保护菲涅尔透镜。

（9）螺钉谨防丢弃。

（10）实训结束，使用 CAD 制图，画出内部端子图、电路连接图、施工示意图等，并要求完成施工调试说明书。

3．任务步骤

（1）用被动线外探测器和警灯构成一个最简单的报警电路，并列出材料与工具清单。

（2）领取实验器材。

（3）打开探测器面盖。

（4）取下印制电路板。将后盖右方的搭钩向外扳，然后轻轻取下印制电路板。调整灵敏度到中等，打开 LED 灯。

（5）安装探测器。小心地凿穿后盖上的安装/进线预制孔，并将后盖固定于预定的位置。确保所保护的区域处于探测器的直视范围内。

（6）接线。接线完成后老师检查。

（7）将电路板装回后盖后，合上前盖。

（8）通电，步测调试。

注意：通电等待2分钟，完成自检后再开始步测。从探测器防范范围水平方向靠近探测器，直到触发探测器报警瞬间点，记录探测位置。然后，从相反方向进行步测，以确定两边的周界，应使探测器中心指向被保护区的中心，用米尺量出水平防范范围。离探测器3～6m处，慢慢举起手臂，并伸入探测区，标注被动红外探测器报警的下部边界，重复上述做法，以确定其上部边界。探测区中心不应向左右倾斜，如果不能获得理想的探测距离，则应左右调整探测范围，以确保探测器的指向不会偏左或偏右。

（9）制作施工与调试说明书。

2.4 双鉴探测器的施工与调试

1．双鉴探测器介绍

将两种不同工作原理的探测器整合在一起，且只有当两种探测技术同时探测到人体移动时才报警的探测器称为双鉴探测器。常被整合在一起的有：超声波/微波、双被动红外、微波/

被动红外、超声波/被动红外、玻璃破碎声响/振动等。由于微波/被动红外双鉴探测器的误报率最低，因此市面上常见的双鉴探测器以微波/被动红外双鉴探测器居多。下面主要以微波/被动红外双鉴探测器为例进行介绍。

　　微波/被动红外双鉴探测器实际上是将微波与被动红外两种探测技术整合在一起，并将两种探测方式的输出信号共同送到"与门"电路去触发报警。"与门"电路的特点是：当两个输入端同时为1（高电平）时，其输出才为1（高电平），即只有当两种探测技术的传感器都探测到移动的人体目标时，才可触发报警，其工作原理如图 2-48 所示。

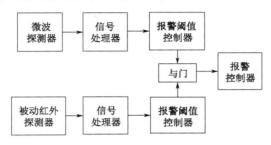

图 2-48　微波/被动红外双鉴探测器工作原理图

2．双鉴探测器的施工调试原则

　　由于微波探测器一般对沿轴向移动的物体最敏感，而被动红外探测器则对横向切割探测区的人体最敏感，因此，为使这两种探测器都处于较敏感状态，在安装微波/被动红外双鉴探测器时，宜使探测器轴线与保护对象的方向成 45° 夹角为好。所以在布置微波/被动红外双鉴探测器时要充分利用探测技术的特性及其达到最佳效果，同时还要注意其探测范围和水平视角，安装时要防止"死角"。

　　1）施工原则

　　（1）安装时，要兼顾两种探测器的灵敏度，使其达到最佳状态。壁挂式微波/被动红外双鉴探测器应安装在可能入侵方向成 45° 角的方位（如受条件限制应优先考虑被动红外单元的探测灵敏度），高度为 2.2m 左右，并视防范具体情况确定探测器与墙壁倾角。

　　（2）微波/被动红外双鉴探测器采用吸顶式安装时，一般安装在防范部位上方的天花板上，必须水平安装。

　　（3）微波/被动红外双鉴探测器安装在楼道时，一般安装在楼道端，视场正对楼道走向，高度为 2.2m 左右。

　　（4）探测器正前方不准有遮挡物和可能遮挡物。探测器应避免安装在如下的位置：室外、太阳光下、冷热气流下、转动的物体下、热源附近、空调通风口、窗户及未封闭的墙等处。探测区域的上部为非防宠物区域，不要将探测器直对着宠物可能爬上的地方。

　　2）施工方法

　　（1）设备安装前应检查安装部位的建筑结构、材料状况，壁装探测器安装的墙壁应坚实、不疏松，甄别需安装探测器的吊顶的材质、坚固情况，若吊顶不够坚实，在施工过程中应采取加固措施。

　　（2）检查双鉴探测器支架安装情况，支架本身应结构合理、强度足以保证探测器的安装要求，支架安装应牢固、端正、位置合理。

　　（3）将探测器从包装盒内取出，拆开探测器，取下安装底板，并将取下的探测器电路板放入包装盒妥善保管。

（4）安装探测器底板。根据安装位置不同，可分为壁挂式和吸顶式两种安装。

① 壁挂式安装时，将探测器底板与支架安装面居中贴平，用记号笔在安装支架安装孔位置做好标记；根据支架安装孔的孔径大小使用适当的钻头在探测器底板上开安装孔；用适当长度的沉头机制螺钉将探测器底板固定在支架上。

② 吸顶安装时，在安装设备的位置用适宜的钻头在吊顶上开出线孔，将探测器底板与吊顶贴平，用记号笔按照底板安装孔位做好标记；根据吊顶出线孔位置在探测器底板上做好标记，并用适宜的钻头在探测器面板上开进线孔后；用适当长度的螺钉将探测器底板固定在吊顶上。

（5）在探测器底板内用绝缘胶布或绝缘垫将安装螺钉钉头覆盖，检查确认安装螺钉钉头的绝缘情况，确保不会搭接电路板造成短路。

（6）将探测器电路板按原位固定在底板上，并将探测器连接线缆引入。

（7）根据探测器接线说明书连接电源线缆，并确保探测器电源正负极的连线正确。

（8）根据入侵报警主机要求连接信号线缆。

（9）将探测器面盖盖好，并将紧固螺钉拧紧。

3）双鉴探测器的调试原则

主要是对探测器进行步测。分别从被动红外和微波探测角度进行调试。

探测器刚通电时，系统进入自动检测状态，指示灯闪烁约 10 秒后熄灭，探测器正式进入正常工作状态后方能步测。在此期间不能触发探测器报警，否则容易引起误报。调试前确保 LED 灯为打开模式，根据需要是否开启防宠物模式，如图 2-49 所示。

（1）设置被动红外探测范围。把微波调到最小，盖上外罩。

① 通电后，至少等待 2 分钟，再开始步测。注意：预热期间，LED 灯闪亮，直至探测器稳定（1～2 分钟），且在 2 秒内无探测到移动目标。LED 灯停止闪烁时，探测器则做好了测试准备。保护区内无运动物体时，LED 灯应处于熄灭状态。如果 LED 亮启，则重新检查保护区内影响微波或被动红外（技术）的干扰因素。

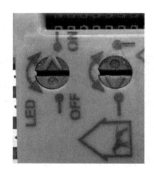

图 2-49 LED 开启

② 步行通过探测范围的最远端，然后向探测器靠近，测试几次。从保护区外开始步测，观察 LED 灯。先触发指示灯的位置为被动红外探测范围的边界。

③ 从相反方向进行步测，以确定两边的周界。应使探测中心指向被保护区的中心。

注意：左右移动透镜窗，探测范围可水平移动±10°。

④ 从距探测 3～6m 处，慢慢地举起手臂，并伸入探测区，标注被动红外报警的下部边界。重复上述做法，以确定其上部边界。探测区中心不应向上倾斜。

注意：如果不能获得理想的探测距离，则应上下调整探测范围，以确保探测器的指向不会太高或太低。

⑤ 确定好位置后，拧紧螺钉。

（2）设置微波探测范围。注意：在去掉/重装外罩之后，应等待 1 分钟，这样，探测器的微波部分就会稳定下来；在下列步测的每个步骤间，至少应间隔 10 秒钟，这两点很重要。

① 进行步测前，LED 灯应处于熄灭状态。

② 跨越探测范围的最远端，进行步测。从保护区外开始步测，观察 LED 灯。先触发灯的位置为微波探测范围的边界。

如果不能达到应有的探测范围，微调增大微波的探测范围，如图 2-50 所示。继续步测（去掉/重装外罩之后，等待 1 分钟），并调节微波直至达到理想探测范围的最远端。

注意：不要把微波调得过大，否则，探测器会探测到探测范围外的运动物体。

③ 全方位步测，以确定整个探测范围，步测间至少等待 10 秒钟。

图 2-50　微波调节

2.4.1　双鉴探测器的施工与调试方法

1．双鉴探测器接线端子

本文以博世蓝色系列 DS835 探测器为例进行介绍，该探测器是壁挂式安装的防宠物型探测器。

将一字螺丝刀插入开关，取下外壳，如图 2-51 和图 2-52 所示。接线端子如图 2-53 所示。

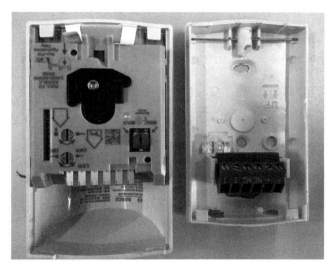

图 2-52　DS835 探测器电路板与接线端子内部图

图 2-51　DS835 探测器外形图

图 2-53　DS835 探测器接线端子图

2．施工流程

（1）使用一字螺丝刀，拧开指示开关，向上推，打开探测器，如图 2-54 所示。仔细查看微波调节、防宠物、工作指示灯等。

（2）选择安装位置，敲破导线入口及底座的安装孔，以底座为模板，在安装平面上标出安装孔的位置。

（3）布置所需的导线。把导线拉至底座后部并穿过导线入口，布线前确保导线未通电。

（4）供电电源限制在 9～16V DC。

（5）报警输出接线端子为常闭报警开关回路。探测器报警时此回路将形成开路。

（6）考虑防拆开关，移开外罩时此回路将形成开路。不要将多余的电线绕在探测器内。

（7）选择 LED 灯。选择时，将旋钮调到"OFF"，则关闭指示灯；调到"ON"，则打开指示灯，如图 2-55 所示。

（8）根据需要选择是否开启防宠物功能，如图 2-56 所示。

图 2-55　LED 灯启闭

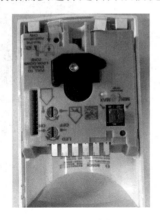

图 2-54　电路板图

图 2-56　防宠物功能启闭

（9）固定底座。将底座牢固地安装在安装平面上，仅使用随附螺钉，以免损坏电路板。不要把螺钉拧得太紧，因为在初次安装时位置可能不太正确，用随附的海绵封住导线入口。

（10）最后将探测器外罩盖上，完成施工过程。

3．调试说明

按图 2-57 所示接线，验证双鉴探测器的常闭触点。接线完成并安装好后，给探测器通电。通电后至少等待 2 分钟，再开始步测。步测时，横穿或纵跨探测区。触发报警 LED 灯时，则确定为探测区的边界。从两个方向对探测器进行步测，以确定探测边界。如果达不到预定的探测范围时，则上下调整探测区，使它不要太高或太低。

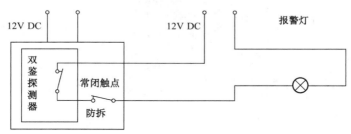

图 2-57　双鉴探测器接线图

2.4.2　双鉴探测器的施工与调试实训

1．设备、器材

博世 DS835 探测器 1 个、二芯线缆与四芯线缆若干、闪光报警灯 1 个、直流 12V 电源 1 个、万用表 1 个、螺丝刀若干、水平尺 1 把、米尺 1 卷。

2．双鉴探测器的施工与调试实训引导文

1）实训目的

（1）通过完成双鉴探测器施工与调试实训任务，能够按工程设计及工艺要求正确检测、

安装、连线与调试探测器。

（2）对设备的施工质量进行检查。

（3）编写施工与调试说明书（注明施工注意事项）。

2）必备知识点

（1）掌握双鉴探测器的工作原理。

（2）了解当前双鉴探测器的主流品牌与安装方式。

（3）熟悉探测器的接线端子及其使用方法。

（4）熟悉双鉴探测器的不同安装方式。

（5）熟悉双鉴探测器最佳探测方向。

（6）思考如何使用电源、双鉴探测器与警灯构成报警电路。

（7）思考双鉴探测器如何接入报警主机中。

3）施工说明

（1）施工前的准备。

① 掌握双鉴探测器的组成、结构和工作原理，以及各接线端子的作用和功能；掌握系统的工作原理图。

② 双鉴探测器产品的质量。

a. 将双鉴探测器从包装盒内取出，根据现场警戒距离核对要安装设备的型号及探测距离，仔细对照图样核对要安装的设备。安装前特别注意检查探测器的密封效果，探测器密封应完整、可靠。用螺钉旋具将探测器面盖的锁定开关打开，推开取下探测器面盖，露出探测器进线孔、接线端子排。

b. 用万用表电阻挡或蜂鸣器挡测量 NC、NO 和 COM 各端子的导通性是否完好。

（2）施工过程。

① 根据双鉴探测器的警戒范围确定适当的安装高度，用随机附带的螺钉将探测器底板固定在墙面上，并保证底板与墙面紧固连接。

② 吸顶安装时，应在安装设备的位置用适宜的钻头在吊顶上开出线孔，将探测器底板与吊顶贴平，用记号笔按照安装孔位做好标记，根据吊顶出线孔位置在探测器底板上做标记，并用适宜的钻头在探测器底板上开进线孔，并用适当长度的螺钉将探测器底板固定在吊顶上。

③ 将探测器连接线缆沿引线槽引入探测器接线端子排，用随机附带的安装螺钉或选配适当长度的螺钉将探测器固定在底板上。

④ 根据探测器连线说明书连接电源线缆，确保探测器电源正负极的连线正确。

⑤ 老师检查确认无误。

⑥ 合上外壳。

⑦ 通电调试，注意请使用尺子测出水平探测角度。

4）施工注意事项

（1）警戒区域不应用高大的遮挡物及其他频繁活动物体的干扰。

（2）绝不允许把探测器安装触发一种技术就会引发报警的环境中。在无任何移动物体的情况下，安装时 LED 灯处于熄灭状态。

（3）选择安装位置，将探测器安装在侵入者最可能通过的地方。应避免安装在如下的位置：室外、太阳光下、冷热气流下、转动的物体下、热源附近、空调通风口、窗户及未封闭的墙等处。探测区域的上部为非防宠物区域，不要将探测器直对着宠物可能爬上的地方。

（4）使探测器远离外界场所（如道路、大厅、停车场）。注意：微波能穿透玻璃及大多数普通非金属构造的墙壁。不要在探测范围内装有周期性转动的机器（如吊扇）。

（5）安装时，仅使用随附螺钉，以免损坏电路板。不要把螺钉拧得太紧，因为在初次安装时，位置可能不太正确。

（6）把电路板卡入底座，使槽口与卡口构成一条直线。

（7）接线时，不能把多余导线卷入探测器中，接线完毕后才能通电。

3．任务步骤

（1）用 DS835 探测器和警灯构成一个最简单的报警电路，并列出材料与工具清单。

（2）领取实验器材。

（3）打开前盖，用起子插入探测器上方的小孔，旋转半圈后，向上推探测器，即可打开前盖。

（4）安装探测器，小心地凿穿后盖上的安装/进线预制孔，并将后盖固定于预定的位置。安装时，仅使用随附螺钉，以免损坏电路板。不要把螺钉拧得太紧，因为在初次安装时，位置可能不太正确。

注意：当探测器的安装高度为 2.3m 时，探测器的探测范围最大，请确保希望保护的区域位于探测器的直视范围之内。如果红外或微波被挡，探测器将无法报警，同时应避开运转的机器、日光灯、冷热源等。

（5）按图 2-57 所示接线。

（6）把电路板卡入底座，使槽口与卡口构成一条直线。

（7）装好探测器，不能把多余导线卷入探测器中。探测器接线完毕后，将印制电路板装好后盖上并合上前盖。

（8）通电，对探测器进行步测。

（9）编写施工与调试说明书。

2.5 振动探测器的施工与调试

1．振动探测器介绍

振动探测器是感应被测物体振动的频率，当物体在受到冲击时，其连续的冲击频率或短暂的大的能量冲击（如爆炸）都将被感应到，并产生报警输出。例如，入侵者在进行凿墙、钻洞、破坏门、窗、撬保险柜等破坏活动时，都会引起这些物体的振动，以这些振动信号来触发报警的探测器称为振动探测器。其工作原理如图2-58 所示。

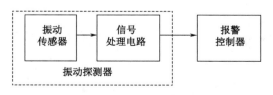

图 2-58　振动探测器的基本工作原理

2．振动探测器的施工与调试原则

振动探测器一般用于银行系统，如金库、ATM 自动取款机等。振动探测器需要与被测物体紧密地连在一起，一般先将随机的安装板安装在被测物体上，再将探测器安装在备板上，有时也可将探测器直接安装在被测物体上。

1）施工原则

（1）安装时，远离振动源和可能产生振动的物体，如室内要远离电冰箱，室外不要安装在树下等。

（2）通常安装在可能发生入侵的墙壁、地面或保险箱上，探测器中传感器振动方向尽量与入侵可能引起的振动方向一致，并牢固连接。

（3）如需埋在地下时，需埋 10cm 深处，并将周围松土砸实。

2）施工方法

振动探测器的安装方式分为墙面安装与暗埋安装两种。

（1）拆开探测器，取下安装盒。将探测器从包装盒内取出，拧下探测器面盖固定螺钉，拆开探测器，取下安装盒，并将探测器电路板小心取下并放入包装盒妥善保管，如图 2-59 所示。

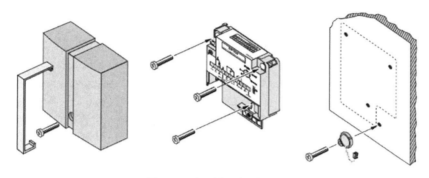

图 2-59　振动探测器拆装图

（2）墙面安装。

① 将探测器安装盒与安装面贴平摆正，用记号笔按照盒底安装孔位置做好标记。

② 用冲击钻在安装孔标记处打孔（水泥墙、砖墙使用不小于 $\phi6$ 的冲击钻头，金属构件上使用不小于 $\phi3.2$ 的钻头钻孔，并用适当的丝锥攻螺纹，使用机制螺钉安装，在其他质地疏松墙壁上安装时，必须采取加固措施）。

③ 将适宜的塑料胀管带入，使塑料胀管入钉孔与墙面平齐。

④ 将探测器安装盒固定孔与墙面安装孔对正，用适宜的自攻螺钉将底板牢固固定。

（3）暗埋安装。根据探测器类型、探测范围、被保护面情况拟定安装位置。

若被保护面建筑施工已预留暗埋安装盒，将探测器紧固安装在预留盒内，将探测器与分析仪之间的连接线缆可靠连接，再用水泥或其他填充材料将探测器填紧压实即可。

若被保护面建筑施工时没有预留暗埋安装盒，需根据探测器外形尺寸在被保护面剔凿安装槽，将探测器紧固安装在槽内，将探测器与分析仪之间的连接线缆可靠连接，再用水泥或其他填充材料将探测器填紧压实，并将安装位置恢复原状。

（4）引线、连接线缆。

① 将探测器连接线缆从盒底过线孔穿入。

② 将探测器电路板按原位固定在安装盒内。

③ 根据探测器接线说明书连接电源线缆，并确保探测器电源正负极的连线正确。

④ 根据入侵报警主机要求连接信号线缆。

⑤ 将探测器面盖盖好，并将紧固螺钉拧紧。

3）振动探测器的调试原则

振动探测器的调试很简单，安装连接好后，接通电源，用螺丝刀轻轻地在探测器的外壳上连续划 20 秒，就可以产生报警信号，注意不要有其他的振动源的干扰，以免引起误报。

2.5.1 振动探测器的施工与调试方法

1. 振动探测器接线端子

本文以博世 DS1525 振动探测器为例进行介绍。

使用十字螺丝刀拧开固定螺丝，取下外壳，如图 2-60 和图 2-61 所示。接线端子如图 2-62 所示。

图 2-60　DS1525 探测器外形图

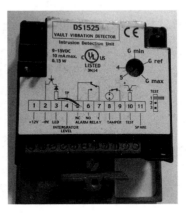

图 2-61　DS1525 探测器电路板与接线端子内部图

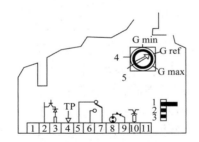

1、2—12V DC；3—发光二极管指示灯；4—积分器电平；5—常闭（NC）；

6—常开（NO）；7—公共端（COM）；8、9—防拆；10—测试控制端；11—备用

图 2-62　DS1525 探测器接线端子图

2. 施工流程

（1）使用十字螺丝刀，拧开固定螺丝，打开探测器面盖。图 2-63 所示为博世 DS1525 电路板图，仔细查看接线端子、灵敏度调节等。

（2）选择安装位置，以底座为模板，在安装平面上标出安装孔的位置。图 2-64 所示为博世 DS1525 安装底板图。

（3）布置所需的导线，把导线拉至底座后部并穿过导线入口。布线前，确保导线未通电。

（4）供电电源为 12V DC。

（5）报警输出接线端子可根据需要选择常开或常闭报警开关回路，探测器报警时此回路将形成开路。

（6）考虑防拆开关，移开外罩时此回路将形成开路，不要将多余的电线绕在探测器内。

（7）固定底座。将底座牢固地安装在安装平面上，仅使用随附螺钉，以免损坏电路板。不要把螺钉拧得太紧，因为在初次安装时位置可能不太正确，用随附的海绵封住导线入口。

图 2-63　DS1525 电路板图　　　　　　　图 2-64　DS1525 安装底板图

（8）将探测器电路板部分固定在底座上。

（9）最后将探测器面盖盖回，拧紧固定螺丝，完成施工过程。

3．调试说明

按图 2-65 所示接线，验证振动探测器的常闭触点。接线完成并安装好后，给探测器通电。通电自检完成后，进行测试，分别对防拆和振动报警进行测试。

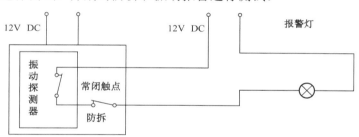

图 2-65　振动探测器接线图

2.5.2　振动探测器的施工与调试实训

1．设备、器材

博世 DS1525 探测器 1 个、二芯线缆与四芯线缆若干、闪光报警灯 1 个、直流 12V 电源 1 个、万用表 1 个、螺丝刀若干、水平尺 1 把。

2．振动探测器的施工与调试实训引导文

1）实训目的

（1）通过完成振动探测器施工与调试实训任务，能够按工程设计及工艺要求正确检测、安装、连线与调试探测器。

（2）对设备的施工质量进行检查。

（3）编写施工与调试说明书（注明施工注意事项）。

2）必备知识点

（1）掌握振动探测器的工作原理。

（2）了解当前振动探测器的主流品牌与安装方式。

（3）熟悉振动探测器的接线端子及其使用方法。

（4）熟悉振动探测器的安装方式。

（5）熟悉振动探测器的调试方法。

（6）思考如何使用电源、振动探测器与警灯构成报警电路。

（7）思考振动探测器如何接入报警主机中。

3）施工说明

（1）施工前的准备

① 掌握振动探测器的组成、结构和工作原理，以及各接线端子的作用和功能；掌握系统的工作原理图。

② 振动探测器产品的质量。

a. 将振动探测器从包装盒内取出，根据现场警戒距离核对要安装设备的型号及探测距离，仔细对照图样核对要安装的设备。安装前特别注意检查探测器的密封效果，探测器密封应完整、可靠。用螺钉旋具将探测器面盖的锁定开关打开，推开取下探测器面盖，露出探测器进线孔、接线端子排。

b. 用万用表电阻挡或蜂鸣器挡测量 NC、NO 和 COM 各端子的导通性是否完好。

（2）施工过程

① 根据振动探测器的警戒范围确定适当的安装高度，用随机附带螺钉将探测器底板固定在被保护面上，并保证底板与面紧固连接。

② 安装时，将探测器底板与安装面贴平，用记号笔按照安装孔位做好标记，根据出线孔位置在探测器底板上做标记，并开好固定孔。

③ 将探测器连接线缆沿引线槽引入探测器接线端子排，用随机附带的安装螺钉或选配适当长度的螺钉将探测器固定在底板上。

④ 根据探测器连线说明书连接电源线缆，确保探测器电源正负极的连线正确。

⑤ 老师检查确认无误。

⑥ 合上外壳。

⑦ 通电调试，注意使用螺丝刀在探测器上划 20 秒即可。

4）施工注意事项

（1）注意保护电路板拆下的螺丝。

（2）警戒区域不应有其他的振动干扰源，以减少误报警。

（3）振动探测器应安装在被保护面的垂直中线位置，安装数量根据被保护面的面积和探测器防护范围确定。

（4）探测器必须与安装面紧固连接，以减少振动源至探测器之间的信号衰减。

3. 任务步骤

（1）用 DS1525 探测器和警灯构成一个最简单的报警电路，并列出材料与工具清单。

（2）领取实验器材。

（3）使用十字螺丝刀打开探测器，露出接线端子，并卸下电路板以获得安装底板。

（4）安装探测器底板，将后盖固定于预定的位置。安装时，仅使用随附螺钉，以免损坏电路板。

（5）将电路板固定回安装底板上，并按图 2-65 所示接线。

（6）接线完成后，不许把多余导线卷入探测器中。

（7）合上前盖。

（8）通电，对探测器进行测试。使用防拆调试，即打开探测器前盖，电路应报警，使用螺丝刀或模拟振动源测试探测器是否报警。

（9）编写施工与调试说明书。

2.6 玻璃破碎探测器的施工与调试

1. 玻璃破碎探测器介绍

玻璃破碎探测器是专门用来探测玻璃破碎的一种探测器，利用压电陶瓷片的压电效应对高频的玻璃破碎声音（10k～15kHz）进行有效检测，而对 10kHz 以下的声音信号（如说话、走路声）有较强的抑制作用。

玻璃破碎探测器按照工作原理的不同大致分为两大类：一类是声控型的单技术玻璃破碎探测器，它实际上是一种具有选频作用（带宽 10k～15kHz）的具有特殊用途（可将玻璃破碎时产生的高频信号驱除）的声控报警探测器；另一类是双技术玻璃破碎探测器，其中包括声控/振动型和次声波/玻璃破碎高频声响型。

声控/振动型是将声控与振动探测两种技术组合在一起，只有同时探测到玻璃破碎时发出的高频声音信号和敲击玻璃引起的振动，才输出报警信号。

次声波/玻璃破碎高频声响双技术探测器是将次声波探测技术和玻璃破碎高频声响探测技术组合在一起，只有同时探测敲击玻璃和玻璃破碎时发出的高频声响信号和引起的次声波信号才触发报警。

2. 玻璃破碎探测器的施工调试原则

1）施工原则

（1）安装时应将声电传感器正对着警戒的主要方向，尽量靠近所要保护的玻璃，远离噪声干扰源，如尖锐的金属撞击声、铃声、汽笛的啸叫声等，减少误报警。

（2）探测器必须牢固的安装在最接近玻璃的墙壁上或天花板上。

（3）窗帘、百叶窗或其他遮盖物会部分吸收玻璃破碎时发出的能量，特别是厚重的窗帘将严重阻挡声音的传播，不能安装在被保护玻璃上方的窗帘盒上方。

（4）不要装在通风口或换气扇的前面，也不要靠近门铃，以确保工作的可靠性。

（5）安装后应用玻璃破碎仿真器精心调节灵敏度。

2）施工方法

根据玻璃破碎探测器安装位置的不同，安装方法有吸顶、墙面和玻璃表面 3 种安装。

（1）吸顶、墙面安装。将探测器底板与安装面贴平摆正，用记号笔按照底板安装孔位置做好标记。用冲击钻在安装孔标记处打孔，将适宜的塑料膨胀管塞入，使塑料膨胀管入钉孔与墙面平齐。将探测器底板固定孔与顶板、墙面安装孔对正，用适宜的自攻螺钉将底板牢固固定。

（2）玻璃表面安装。根据探测器类型、探测范围和被保护玻璃的大小拟定安装位置。

用无水乙醇将探测器底板、玻璃内侧拟定安装位置清洗干净。在探测器底板涂抹透明玻璃胶或其他黏合剂，将探测器正对安装位置粘贴在玻璃上压紧压实，并调正探测器。待玻璃胶或黏合剂固化后，确保探测器固定在玻璃上。

（3）引入、连接线缆。在探测器底板内用绝缘胶布或绝缘垫将安装螺钉钉头覆盖，检查确认安装螺钉钉头的绝缘情况，确保不会搭接电路板造成短路。

（4）将探测器电路板按原位固定在底板上，并将探测器连接线缆引入。

（5）根据探测器接线说明书连接电源线缆，并确保探测器电源正负极的连线正确。

（6）根据入侵报警主机要求连接信号线缆。

（7）将探测器面盖盖好，并将紧固螺钉拧紧。

3）玻璃破碎探测器的调试原则

玻璃破碎探测器的调试一般只能使用玻璃破碎测试器，但玻璃测试器也只能发出高频端信号，因此通过探测器上的发光二极管的显示来说明探测器是否有效。在实训过程中可通过拍手检测其功能运作的情况。

2.6.1 玻璃破碎探测器的施工与调试方法

1．玻璃破碎探测器接线端子

本文以博世 DS1101i 玻璃破碎探测器为例进行介绍。

使用一字螺丝刀打开卡口，取下外壳，如图 2-66 和图 2-67 所示。接线端子如图 2-68 所示。

图 2-66　DS1101i 探测器外形图

图 2-67　DS1101i 探测器电路板与接线端子内部图

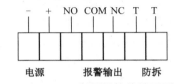

图 2-68　DS1101i 探测器接线端子图

2．施工流程

（1）使用小一字螺丝刀，打开外壳，拿下探测器面盖。仔细查看接线端子、LED 指示灯等。图 2-69 所示为 DS1101i 的拆卸图。

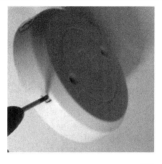

图 2-69　DS1101i 的拆卸图

（2）取下电路板，以底座为模板，选择安装位置，并在安装平面上标出安装孔的位置。图 2-70 所示为 DS1101i 安装底板图。

图 2-70　DS1101i 安装底板图

（3）布置所需的导线，把导线拉至底座后部并穿过导线入口。布线前，确保导线未通电。

（4）供电电源为 12V DC。

（5）报警输出接线端子可根据需要选择常开或常闭报警开关回路。探测器报警时此回路将形成开路。

（6）考虑防拆开关，移开外罩时此回路将形成开路。不要将多余的电线绕在探测器内。

（7）根据实际需要设置 LED 灯跳线，使其打开或关闭，"ON"探测器报警时，LED 灯锁定在"恒亮"，直到探测器复位；"OFF"探测器报警时，LED 不会锁定。跳线被挪开，则默认是"OFF"状态。图 2-71 所示为 DS1101i LED 灯跳线。

图 2-71　DS1101i LED 灯跳线

（8）固定底座。用一个中心安装螺钉或两个螺钉，将底座牢固地安装在安装平面上，仅使用随附螺钉，以免损坏电路板。不要把螺钉拧得太紧，因为在初次安装时，位置可能不太正确，用随附的海绵封住导线入口。

（9）将探测器电路板部分卡回底板上。

（10）最后将探测器面盖盖回，完成施工过程。

3．调试说明

按图 2-72 所示接线，验证玻璃破碎探测器的常闭触点。接线完成并安装好后，给探测器通电。通电自检完成后，进行测试，分别对防拆和玻璃破碎探测进行测试。

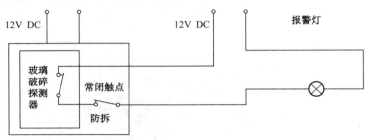

图 2-72　玻璃破碎探测器接线图

2.6.2　玻璃破碎探测器的施工与调试实训

1．设备、器材

博世 DS1101i 探测器 1 个、二芯线缆与四芯线缆若干、闪光报警灯 1 个、直流 12V 电源1 个、万用表 1 个、螺丝刀若干。

2．玻璃破碎探测器的施工与调试实训引导文

1）实训目的

（1）通过完成玻璃破碎探测器施工与调试实训任务，能够按工程设计及工艺要求正确检测、安装、连线与调试探测器。

（2）对设备的施工质量进行检查；对系统进行调试。

（3）编写施工与调试说明书（注明施工注意事项）。

2）必备知识点

（1）掌握玻璃破碎探测器的工作原理。

（2）了解当前玻璃破碎探测器的主流品牌与安装方式。

（3）熟悉玻璃破碎探测器的接线端子及其使用方法。

（4）熟悉玻璃破碎探测器的调试方法。

（5）思考如何使用电源、玻璃破碎探测器与警灯构成报警电路。

（6）思考玻璃破碎探测器如何接入报警主机中。

3）施工说明

（1）施工前的准备

① 掌握玻璃破碎探测器的组成、结构和工作原理，以及各接线端子的作用和功能；掌握系统的工作原理图。

② 玻璃破碎探测器产品的质量。

a. 将玻璃破碎探测器从包装盒内取出，检查型号、外观等。

b. 用万用表电阻挡或蜂鸣器挡测量 NC、NO 和 COM 各端子的导通性是否完好。

（2）施工过程

① 参考说明书，根据探测器的警戒范围确定适当的安装高度，用随机附带的螺钉将探测器底板固定在安装面上，并保证底板与安装面紧固连接。

② 安装时，将探测器底板与安装面贴平，用记号笔按照安装孔位做好标记，根据出线孔位置在探测器底板上做标记，并开好固定孔。

③ 将探测器连接线缆沿引线槽引入探测器接线端子排，用随机附带的安装螺钉或选配适当长度的螺钉将探测器固定在底板上。

④ 根据探测器连线说明书连接电源线缆，确保探测器电源正负极的连线正确。

⑤ 老师检查确认无误。

⑥ 合上外壳。

⑦ 通电调试，注意可拍手模拟进行玻璃破碎探测调试。

4）施工注意事项

（1）玻璃破碎探测器在安装前应该使用专用测试仪进行模拟测试，确定安装位置符合防护要求方可打孔或粘贴。

（2）安装时，尽量远离干扰源，如尖锐的金属撞击声、铃声、汽笛声等。

（3）玻璃破碎探测器安装后不应影响门、窗的开闭。

（4）被保护玻璃及探测器之间不能有障碍物。

（5）明配管线可选金属管、金属槽或阻燃 PVC 线槽，布线尽量隐蔽。

（6）玻璃破碎探测器用于探测玻璃被打碎的情形，但它不会探测子弹穿孔、自然破裂（无撞击）及卸下玻璃等情形。

3．任务步骤

（1）用玻璃破碎探测器和警灯构成一个最简单的报警电路，并列出材料与工具清单。

（2）领取实验器材。

（3）使用一字螺丝刀打开探测器，露出接下端子；并卸下电路板以获得安装底板。

（4）安装探测器底板，将后盖固定于预定的位置。安装时，仅使用随附螺钉，以免损坏电路板。

（5）将电路板固定回安装底板上，并按图 2-72 所示接线。

（6）接线完成后，不许把多余导线卷入探测器中。

（7）合上前盖。

（8）通电，对探测器进行测试。使用防拆调试，即打开探测器前盖，电路应报警，拍手模拟破碎检查探测器是否报警。

（9）编写施工与调试说明书。

2.7 报警主机的施工、编程与调试

1. 报警主机介绍

报警主机是入侵报警系统的核心，接收来自探测器的电信号后，判断有无警情的神经中枢，报警控制主机由信号处理和报警控制装置组成。若探测电信号中含有入侵者入侵信号时，则信号处理器发出报警信号，报警装置发出声或光报警，提示值班人员发生报警的区域部位，显示可能采取对策的系统，是预防抢劫、盗窃等意外事件的重要设施。

报警主机的防护级别从低到高分成 A、B、C 级三等，其中 C 级功能最全，报警主机的形式有盒式、壁挂式、台式 3 种。

2. 安防系统中的防区

安防系统中防区是指入侵探测器的警戒区域。防区有多种类型，常见的防区类型主要有以下 3 种。

（1）24 小时防区：即 24 小时均处于警戒状态下的防区。任何时候触发都有效，例如，安装紧急按钮、消防烟雾传感器和有害气体传感器等警戒的区域。

（2）立即防区：一旦布防后，触发立即有效。例如，安装防入侵的红外线传感器、窗磁传感器等的警戒区域。

（3）延时防区：系统预留时间供主人布、撤防，主人回家后触发探测器，在有效时间内撤防，系统不报警，否则系统报警。主人离家布防时，预留有效时间，在该时间段内触发探测器报警，则系统不报警，从而有效减少误报率。例如，防入侵的门磁传感器。

3. 安防系统布防、撤防

（1）布防。布防是指启动报警系统，使入侵探测器进入警戒状态。布防通常有常规布防、外出布防、留守布防、紧急布防等形式。常规布防是将所有防区立即处于布防状态；外出布防是人员欲外出时设置，报警系统经过一段事先设定的时间后所有防区进入布防状态；留守布防允许人员留在部分防区活动而不报警，而其余防区进入布防状态则报警；紧急布防是在紧急状态下不管系统是否开启，即直接进入布防状态的布防。

（2）撤防。撤防是使入侵探测器退出警戒状态或指消除刚才的警示信号，使之恢复正常的准备状态。其中比较特殊的撤防为胁迫撤防，它主要用于被人挟持，强迫关闭报警系统时，系统在无声状态下自动电话报警。

（3）防区旁路。防区旁路指把某防区暂时停止使用。一般应用在探测器损坏，需保修或更换情况。

4. 报警主机防区接入口

入侵报警系统每一防区接入口有以下 3 种状态。

（1）有阻值（如 10kΩ）：正常情况。就是在传感器的输出端口并接或串接一个电阻来实现。

（2）短路：触发报警。传感器动作后在防区端口对地短路，触发主机报警。

（3）开路：被剪断报警。当剪断传感器端口和防区端口的连线，防区端口就形成开路，触发主机报警。

5．报警主机的施工调试原则

1）施工原则

（1）检查安装位置。检查控制器安装位置的墙面、管线路由情况，尽量选择坚固的墙面和便于敷设线管、线槽的安装位置。

（2）安装报警主机。

① 根据控制器的安装高度与安装孔距的要求，用记号笔在墙面或其他固定件上做标记。

② 根据前端设备与控制器连接的线管和线槽敷设位置、管径、线槽规格及拟定的控制器安装位置，使用相应规格的金属开孔器在控制器机箱上钻线管连接孔或使用砂轮锯开线槽连接口。

③ 控制机箱钻孔或切口后，将边缘毛刺清理干净，使用锉刀将切口打磨平滑。

④ 用冲击钻在安装孔标记处打孔。

⑤ 将不小于 $\phi6$ 的膨胀螺栓塞入打好的安装孔，使膨胀螺栓胀管与墙面平齐。

⑥ 将报警前端控制器机箱固定孔与已安装的膨胀螺栓对正，将机箱挂在螺栓上，调整控制器位置至平直并紧贴墙面，将平垫与弹簧垫圈套入螺栓，旋紧螺母或机制螺钉。

（3）引入、连接线缆。将前端设备的线管、线槽与控制器紧固连接，将连接线缆引入控制器，按照报警前端控制器接线图、前端设备接线表等技术文件的要求连接线缆。

2）报警主机的调试原则

报警主机的调试应在按要求编制好程序后，方可进行，调试时应退出编程模式。在探视不同类型防区时采用不同的方法。

（1）24 小时防区的调试：应分别在系统布、撤防状态进行。

（2）立即防区的调试：应在系统布防状态进行。

（3）延时防区的调试：在延时时间段内外分别触发探测器，查看系统报警情况。

2.7.1　报警主机的施工与调试方法

1．报警主机接线端子

本文以博世 CC408 8 防区报警主机为例进行介绍。CC408 报警主机外形如图 2-73 所示。

图 2-73　CC408 报警主机外形图

打开报警主机盖子，露出电路板与接线端子，如图 2-74 和图 2-75 所示。

图 2-74　CC408 报警主机电路板与接线端子内部图

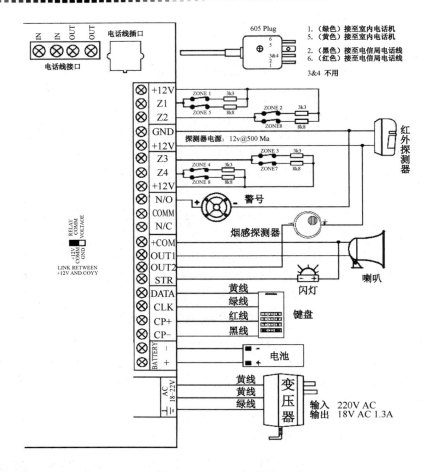

图 2-75　CC408 接线端子图

（1）电源连接。如图 2-75 所示，分别接入 220V AC 交流电和蓄电池给系统供电。（不通电）

（2）完成 8 个防区的硬件连接。通过接线端子 Z1～Z4 与+12V 间分别接入 3.3kΩ 和 6.8kΩ 线尾电阻方式获得 8 防区。注意线尾电阻必须接到探测器内部以避免恶意破坏。

（3）控制键盘接入。将 ICP-CP508 液晶键盘接入报警主机，注意不同线色对应的位置，避免短路。

（4）报警灯。将报警指示灯接入对应输出接口，注意正负极。

2．施工流程

（1）将报警主机，用记号笔在安装墙面或其他固定件上做标记。

（2）控制机箱如需钻孔或切口后，将边缘毛刺清理干净，使用锉刀将切口打磨平滑。

（3）布置所需的导线，把导线拉至底座后部并穿过导线入口。布线前，确保导线未通电。

（4）供电电源为 220V AC，经机箱导线口引入，如图 7-76 所示。

（5）使用备用电源，使用蓄电池作为备用电源。

（6）考虑防拆开关，移开外壳时此回路将形成开路。不要将多余的电线绕在报警主机内。

（7）固定机箱。将报警前端控制器机箱固定孔与已安装的膨胀螺栓对正，将机箱挂在螺栓上，调整控制器位置至平直并紧贴墙面，将平垫与弹簧垫圈套入螺栓，旋紧螺母或机制螺钉。

图 2-76　接入主电源

（8）各个前端探测器经过线尾电阻将报警开关信号接入报警主机的不同防区。

（9）最后将主机外壳盖回，完成施工过程。

3．编程设置

CC408 是博世公司生产的一款带两个分区的 8 防区防盗报警主机。编程数据储存在不易丢失信息的 EPROM 储存器中。即使在全部电源丢失期间，也可保留所有相关的配置和用户数据。其编程方法可以采用系统键盘编程、手提式编程器和 Alarm Link 编程软件。

本节采用了系统键盘编程的方法。具体编程方式是先输入地址码，然后输入要改变的数据（10～15）。

注意：CC408 物理防区接口只有 4 个，1 个接口对应两种不同阻值的线尾电阻（3.3kΩ 或 6.8kΩ）来实现 8 个防区，如图 2-77 所示。

1）供电电源

CC408 电源供电方式可采用 220V AC 交流供电，同时可使用蓄电池作为备用电源。

2）报警主机键盘与指示灯

CC408 通过 ICP-CP508 液晶键盘实现编程、布/撤防设置及状态查看等。该键盘通过防区指示灯数字 1～8、工作状态指示灯表示编程与系统信息，如图 2-78 所示。

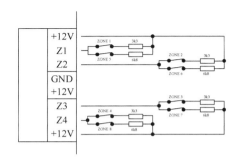

图 2-77　8 防区接口

图 2-78　ICP-CP508 液晶键盘

（1）防区指示灯。防区指示灯一般用于显示各个防区状态，如表 2-3 所示。在编程状态，防区指示灯则表示的是编程所需要的数据，如表 2-4 所示。在系统故障时，通过防区指示灯可以查看具体故障信息，如表 2-9 所示。

表 2-3　防区指示灯

指　示　灯	说　明
亮启	防区未准备好布防
熄灭	防区已准备好布防
快速闪亮（每 0.25 秒变换一次）	防区在报警
慢速闪亮（每 1 秒变换一次）	防区被手动旁路

表 2-4 数据指示灯

数据数值	防区1指示灯	防区2指示灯	防区3指示灯	防区4指示灯	防区5指示灯	防区6指示灯	防区7指示灯	防区8指示灯	MAINS指示灯
0									
1	√								
2		√							
3			√						
4				√					
5					√				
6						√			
7							√		
8								√	
9	√							√	
10									√
11	√								√
12		√							√
13			√						√
14				√					√
15					√				

（2）工作状态指示灯。工作状态指示灯总共有 4 个，一般用于指示系统工作、报警和故障灯状态。在编程模式下，4 个灯具有不同的功能。

① MAINS 指示灯。MAINS 指示灯一般用于显示系统的交流电供电是否正常，如表 2-5 所示。在编程模式时，MAINS 指示灯亮启仅代表数字 10。

表 2-5　MAINS 指示灯

指　示　灯	说　明
亮启	交流电正常
熄灭	交流电中断

② STAY 指示灯。STAY 指示灯用于显示系统处于周界布防状态"1"或"2"，如表 2-6 所示。在处于安装员编程模式或使用主码功能时，STAY 指示灯还将与 AWAY 指示灯一同闪亮。

③ AWAY 指示灯。用于显示系统正常布防，如表 2-7 所示。在处于安装员编程模式或使用主码功能时，AWAY 指示灯还将与 STAY 指示灯一同闪亮。

表 2-6 STAY 指示灯

指 示 灯	说 明
亮启	在周界布防状态"1"或"2"下布防系统
熄灭	系统没有在周界布防状态下布防
闪亮	防区旁路模式或正在设置周界布防状态"2"下的防区
每3分钟一次	日间报警状态开/关指示灯

表 2-7 AWAY 指示灯

指 示 灯	说 明
亮启	系统为正常布防
熄灭	系统不是正常布防

④ FAULT 指示灯。FAULT 指示灯用于显示系统已探测到的故障。当探测到系统有故障时,FAULT 指示灯闪亮,键盘将会每分钟鸣叫一次。按一次 AWAY 键,将会确认故障(如 FAULT 指示灯亮启),取消鸣叫,如表 2-8 所示。

表 2-8 FAULT 指示灯

指 示 灯	说 明
亮启	有系统故障需要排除
熄灭	系统正常,无故障
闪亮	有系统故障等待确认

需要查看故障信息时,则按住"5"直至听到两声鸣音,键盘防区 LED 指示灯将显示故障状态,如表 2-9 所示。按[#]将退出故障查看状态。

表 2-9 故障状态

防区指示灯	故 障
1	电池电压低
2	日期/时间复位
3	探测器监察故障
4	警铃故障
5	电话线故障
6	EPPROM 故障
7	保险丝故障
8	通信故障

(3)键盘声音的辨别。CC408 可通过键盘发声来提示各种操作,观察键盘声音即可知道操作是否成功,如表 2-10 所示。

3)编程设置

CC408 编程一般需要设置防区类型、延时时间、报警输出时间等信息,具体的设置是在指定的地址单元内进行数据的改变,数据变化范围为 0～15,每个数据代表不同的含义,具体见说明书。

表 2-10　声音提示

指　示　灯	说　　明
一声短鸣	按动了一个键盘按键或在周界布防状态"1"或"2"下布防时，退出时间已到
两声短鸣	系统已接受了您的密码
三声短鸣	所需功能已执行
一声长鸣	正常布防的时间已到，或所需操作被拒绝或已失败
每秒一声短鸣	步测模式已激活或出现自动布防前的提示
每两秒一声短鸣	电话监测模式已激活

（1）防区类型。CC408 总共可以接 8 个防区，每个防区由 7 个地址组成，以防区 1 为例，地址范围从 267 到 273，要完成防区 1 的设置需要对 7 个地址单元进行编程设置，如图 2-79 所示。

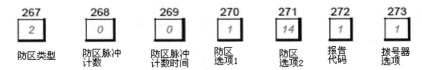

图 2-79　防区 1 地址范围

因此 CC408 的 8 个防区对应的地址有 56 个，地址范围为 267～322。

从图 2-79 得出对防区的编程主要是对防区类型、脉冲计数、脉冲计数时间等进行设置。根据表 2-11 可对防区设置不同的防区类型。

注意：传递防区时 CC408 特有的防区，是指若其自行触发时，则像即时防区一样操作。如果传递防区在延迟防区后触发，剩余的延迟时间将从延迟防区传递至传递防区。传递可以有序也可以无序。工厂预设值为序列传递。如果传递防区在系统撤防时仍未复位时，防区复位报告将自动发至接收端。

表 2-11　防区类型

数码	防区类型	数码	防区类型
0	即时防区	8	24 小时挟持防区
1	传递防区	9	24 小时防拆报警防区
2	延时 1 防区	10	备用
3	延时 2 防区	11	钥匙开关防区
4	备用	12	24 小时盗警防区
5	备用	13	24 小时火警防区
6	24 小时救护防区	14	门铃防区
7	24 小时紧急防区	15	未使用

（2）防区脉冲计数。防区脉冲计数是指系统在一定时间内接到某防区报警多少次后才触发警报，可设置在 0～15 之间。防区脉冲计数时间是指系统报警所需触发脉冲计数的时间段。详见说明书第 8 页。

（3）输出设置。CC408 有 5 个可编程输出口，一般常用的为继电器输出。每一种可编程输出占 6 个地址，每个地址的意思表示如图 2-80 所示。每个地址对应 1 个数据，代表不同的意思。CC408 输出设置地址为 368～397。

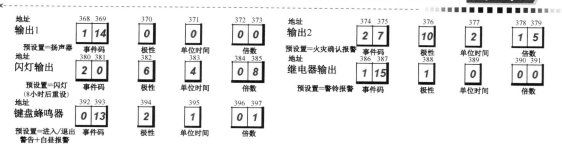

图 2-80　输出设置地址信息

（4）进入延时与退出延时设置。

① 进入延时时间的设置：进入延时时间是指系统布防时，若延时防区被触发后，在进入延时时间内，若系统撤防则不报警，若系统不撤防，则在延时时间结束后系统将发出报警。CC408 进入延时时间有两个，分别是进入延时时间 1 和进入延时时间 2。进入延时时间 1 对应的是防区类型中的进入延时 1 防区，进入延时时间 2 对应的是防区类型中的进入延时 2 防区，两个延时时间设置方法是一样的。进入延时时间 1 对应的编程地址为 398～399。进入延时时间 2 对应的编程地址为 400～401。延时时间计算如下。

地址398～399
进入延时时间 1　　　　　　地址398=单位增加值为1秒（0～15s）
　　　　　　　　　　　　　地址399=单位增加值为16秒（0～240s）　　　$\boxed{4\ 1}$

延时时间 1=4×1+1×16=20 秒

地址400～401
进入延时时间 2　　　　　　地址400=单位增加值为1秒（0～15s）
　　　　　　　　　　　　　地址401=单位增加值为16秒（0～240s）　　　$\boxed{8\ 2}$

延时时间 2=8×1+2×16=40 s

② 退出延时时间的设置：退出延时时间是指系统开始进入布防，但还没有正式进入布防状态的这段延时，这段时间内如触发探测器，系统不会报警。退出延时时间对应的编程地址为 402 与 403。退出延时时间计算如下。

地址402～403
退出延时时间（正常/隔离状态）　地址402=单位增加值为1秒（0～15s）
　　　　　　　　　　　　　　　地址403=单位增加值为16秒（0～240s）　　　$\boxed{12\ 3}$

退出延时时间=12×1+3×16=60 s

（5）系统编程。采用系统键盘编程方法，在完成硬件连接后，通电，在系统未布防状态下，经键盘进入系统编程模式。系统布防或报警器鸣叫时，不能进入安装员编程模式。

① 输入安装员密码"1234"+#，听到两声鸣叫，且 STAY 和 AWAY 指示灯同时闪亮时，则表示已进入了安装员编程模式。

② 编程方式是先输入地址数字+#，后输入编程数据+*。

地址输入方法：地址数字+#；

数据输入方法：编程数据+*；

进入下一地址方法：地址数字+#或#；

返回上一地址方法：地址数字+#或*。

③ 编好程序后输入 960+#，退出编程。

（6）恢复出厂值。系统恢复出厂值有两种方法，分别是软件和硬件复位法。

① 软件复位。在编程状态下，输入 961+#后，输入 960+#退出编程。

② 硬件复位。断开主机交流电与备用电池，持续按下 DEFAULT 键，再接通交流电源后，

再等待 3～5 秒后，放开 DEFAULT 键，使用主码撤防。

4．调试说明

按图 2-75 所示接线，完成 CC408 与探测器、电源、键盘、警灯等的连接，进入调试环节。

（1）布防。CC408 布防在退出编程后输入 2580+#。

（2）撤防。CC408 撤防使用 2580+#。

（3）防区旁路。CC408 设置旁路防区，首先要在编程模式下允许该防区旁路（见说明书第 8 页），然后通过键盘设置：*+*+防区号+*+#，退出编程。

（4）静音报警。通过说明书第 8 页的静音报警设置制定防区的静音报警。

2.7.2　报警主机的施工与调试实训

1．设备、器材

CC408 报警主机 1 台、H0-01 盒式明装型紧急报警按钮 6 个、DS422 主动红外探测器 1、DS1525 振动探测器 1 个、控制箱 1 个、蓄电池 1 个、线材若干、闪光报警灯 1 个、直流 12V 电源 1 个、工具包 1 套、3.3kΩ 电阻 4 个、6.8kΩ 电阻 4 个。

2．报警主机的施工与调试实训引导文

1）实训目的

（1）要求学生通过阅读 CC408 安装手册能够掌握其使用的基本方法。能正确安装 CC408；能根据设计要求与前端设备正确连线；能根据设计要求设置程序并完成调试；能编制安装调试说明书。

（2）对设备的施工质量进行检查；对系统进行调试。

（3）会编写施工与调试说明书（注明施工注意事项）。

2）必备知识点

（1）CC408 硬件认识。

① 电源供电。CC408 电源供电方式有几种？请分别描述。

② 接线端子与功能。用图描述 CC408 接线端子并阐述其功能。

③ 认识键盘。

a. 防区指示灯。用图或表描述。

b. 工作状态指示灯。CC408 有几个工作状态指示灯？请用文字和表描述每个指示灯的功能。

c. 键盘声音的辨别。观察键盘声音并知道其含义。

（2）硬件连接。

① 确定硬件接线方式并接线。使用线尾电阻 3.3kΩ 和 6.8kΩ 方式，将 CC408 处于正常工作状态，报警输出接警灯。

② 检查接线无误后通电。检查接线无误后，老师允许后通电。

（3）编程方法。

① 进入编程模式。在布防状态下是否可进入编程模式？请描述进入编程模式的方法。

② 确定输入程序。连接地址程序，程序如表 2-12 所示。

表 2-12　连接地址程序

地址	0	1	2	3	4	5	6	7	8	9	10	11	12	13	14	15	16	17	18	19	20	21	22	23
数据	0	1	2	3	4	5	6	7	8	9	10	11	12	13	14	15	6	7	8	9	10	11	12	13

说明：CC408 中的数据范围为 0～15。

③ 输入程序。

请输入如表 2-12 中的连接地址程序；

请描述地址输入方法；

请描述数据输入方法；

请描述进入下一地址方法；

请描述返回上一地址方法。

④ 退出编程模式。

⑤ 切断所有电源后再开机，查看表 2-12 中的程序，是否有变化？

⑥ 将数据恢复为出厂状态。数据恢复出厂状态有几种方法？请分别描述其方法。

（4）防区类型。

① CC408 有几种防区类型？

② 防区类型概念说明。请完成表 2-13 内容的填写。

表 2-13　防区类型说明表

防区类型	防区名称	防区说明（请用文字分别对防区概念进行解释，并填写在表格中）
0	即时防区	
1		
…		
15		

③ CC408 可设几个防区？

④ CC408 每个防区的设置。

a. 每个防区有地址码、设置内容、默认值和取值范围 4 个选项，请完成表 2-14 的内容。

表 2-14　防区设置表

序　号	地址码	设置内容	默认值	取值范围	设置内容说明
1	n	防区类型		0～15	
2	$n+1$	脉冲计数			
3	$n+2$				
4	$n+3$				
5	$n+4$				
6	$n+5$				
7	$n+6$				

说明：n 为防区设置的首地址，如防区 1 参数设置的首地址为 267。

b. 根据 8 个防区的"防区类型"默认值完成表 2-15 的内容。

表 2-15 "防区类型"默认值的内容

防区号	默认值	类型名称	地址
1	2	延时防区	267
2			
3			
4			
5			
6			
7			
8			

⑤ 根据设计要求设置防区参数，并填写到表 2-16 中。

要求防区 1 为即时防区，且在 3 秒钟内触发两次后报警；防区 2 为延时防区，延迟时间设置为 25 秒；防区 3 为 24 小时紧急防区；防区 4 为延时防区；防区 5 为传递防区，延时时间设置为 25 秒；防区 6 为即时防区，且在 1 秒钟内触发两次后报警；防区 7 为 24 小时挟持报警防区；防区 8 为防拆防区；系统退出延时为 10 秒。

表 2-16 设置防区参数

防 区 号	防 区 类 型	脉 冲 计 数	计 数 时 间	防区选项 1	防区选项 2	报 告 代 码	拨号器选项
1							
2							
3							
4							
5							
6							
7							
8							

（5）系统操作

① 布防。CC408 如何布防？请描述布防操作。

② 撤防。CC408 如何撤防？请描述撤防操作。

③ 防区旁路。CC408 如何旁路防区？请描述防区旁路操作。

④ 故障分析。CC408 如何进入故障分析模式？请描述其操作。

⑤ 闪灯测试。如何进行闪灯测试？请描述其操作。

⑥ 输出编程。如何进行输出编程？请描述其操作。

6）系统计时器

① 进入延迟。CC408 如何设置进入延迟时间？请描述其操作。

② 退出延迟。CC408 如何设置退出延迟时间？请描述其操作。

③ 系统时间和系统日期。CC408 如何设置系统时间和系统日期？请描述其操作。

3．任务步骤

（1）使用 CC408 报警主机、6 个紧急报警按钮、1 对 DS422 主动红外探测器、1 个振动探测器 DS1525、一个报警灯构成小型入侵报警系统，并画出接线原理图。

（2）列出所需工具和器材。

（3）领取实验器材（包括实验工具和电子元件）。

（4）安装调试前根据实训引导文详细阅读相关设备的说明书。

（5）将各种探测器按照安装指南接线。检查接线情况。

（6）经老师检查接线正确后，通电（注意：一定要检查，防止损坏实验器材）。查看各个探测器工作指示灯，判断各探测器是否正常工作。

（7）进入编程。要求防区 1 为即时防区，且在 3 秒钟内触发两次后报警；防区 2 为延时防区，延迟时间设置为 25 秒；防区 3 为 24 小时紧急防区；防区 4 为延时防区；防区 5 为传递防区，延时时间设置为 25 秒，退出延时为 10 秒；防区 6 为即时防区，且在 1 秒钟内触发两次后报警；防区 7 为 24 小时挟持报警防区；防区 8 为防拆防区；各防区对应的探测器自选。

（8）退出编程。

（9）对报警主机进行布/撤防。

（10）调试入侵报警系统。人为设置报警信号，试验整个系统的报警功能，确保系统能够正常工作。

（11）改变报警主机的软件设置，进行不同的报警设置，直到熟练掌握报警系统。

综合实训

1．实训目的

通过各类前端探测器与报警主机的施工与调试，对入侵报警系统有系统认识，能够根据使用要求组建一套入侵报警系统，并完成设备的安装施工与系统的调试。

2．实训内容

以家庭住户为应用对象，充分考虑其对安防的需求，并结合自身家庭实际情况，为家庭设计一套入侵报警系统，要求能达到全方位、无盲区的入侵检测。

实训过程要求绘制家庭平面图（以两室一厅为例），结合实际安防需求选择适当的入侵探测器，报警主机采用 8 防区的 CC408，防区不够使用时可适当考虑探测器输出串联方式，但是数量不能超过 GB50348 中的规定。

选择好探测器与报警主机后，要求绘制出报警系统原理图，并完成报警前端点位表，如表 2-17 所示。

表 2-17　报警前端点位表

序　号	前端探测器	安 装 位 置	接入报警主机防区
1	玻璃破碎探测器	室内固定不能打开窗户	1#防区
2	门磁	室内大门处	2#防区
……			

要求在平面图完成探测器点位图，即将选择好的各类探测器布在平面图上，并做好标注（如安装位置、高度等），平面图上还要求标出报警主机的安装位置。

3. 实训设备、器材

博世 CC408 八防区报警主机 1 台、各类入侵探测器至少选 3 种、测线器 1 套、线材若干、工具包 1 套。

4. 实训步骤

（1）根据自身家庭情况，绘制平面图。

（2）为家庭选择各类探测器，不少于 3 种。

（3）绘制入侵报警系统原理图。

（4）完成表 2-17。

（5）完成平面图上的设备点位图。

（6）在实训台上安装相应的探测器与报警主机，完成相应的防区、电源等的连接。

（7）对报警主机进行编程设置。

（8）针对不同类型的探测器，分别进行系统调试，要求达到无误报、无漏报。

（9）书写综合实训报告。

习题

1. 紧急报警按钮报警输出信号一般有几种形式？分别是什么类型？
2. 紧急报警按钮属于哪种类型的入侵探测器？
3. 开关型探测器一般有哪些？请列举出 6 种。
4. 紧急报警按钮工作是否需要工作电源？为什么？
5. 请列举出常用紧急报警按钮的 3 种品牌。
6. 简述主动红外探测器的工作原理。
7. 如何区分红外接收端和红外发射端，它们的接线端子有什么不同？
8. 如何使用万用表检查主动红外探测器报警输出端是否正常？
9. 为什么要进行遮挡时间调整？
10. 简述遮挡时间调整位置与探测器灵敏度的关系。
11. 简述主动红外探测器的调试过程。
12. 简述被动红外探测器的工作原理。
13. 请描述被动红外探测器防拆开关的功能。
14. 如何使用万用表检查被动红外探测器报警输出端是否正常？
15. 如何调整被动红外探测器的灵敏度？
16. 简述被动红外探测器的步测过程。
17. 简述振动探测器的工作原理。
18. 请描述振动探测器防拆开关的功能。
19. 如何使用万用表检查振动探测器报警输出端是否正常？
20. 如何调整振动探测器的灵敏度？
21. 简述振动探测器的步测过程。
22. 简述玻璃破碎探测器的工作原理。

23．请描述玻璃破碎探测器防拆开关的功能。

24．如何使用万用表检查玻璃破碎探测器报警输出端是否正常？

25．如何调整玻璃破碎探测器的灵敏度？

26．简述玻璃破碎探测器的步测过程。

27．CC408 如何区分探测器所在的防区？

28．为什么要设置不同的防区类型？

第 3 章

视频监控系统设备的工程施工与调试

学习要点

（1）学习视频监控系统组成，系统前后端设备、传输设备的工作原理，掌握视频监控系统设备施工工艺与调试方法。

（2）学习前端各类摄像机功能、控制存储设备的使用，掌握摄像机的常规施工工艺与编程调试方法。

（3）熟练掌握视频监控系统中各设备操作的使用方法、施工安装工艺和调试技术，能根据安全防范工程技术规范和工程设计要求，完成系统设备施工、安装与调试任务，并能检测安装后的前后端设备安装质量，能按监控系统性能指标要求对系统调试、检测。

视频监控系统主要由前端设备、传输系统、后端设备 3 部分组成，如图 3-1 所示。前端设备主要包括摄像机、镜头、云台、防护罩和支架。传输主要是图像信号和控制信号。后端设备主要是控制和显示设备。前、后端设备可通过多种形式的传输方式连接。

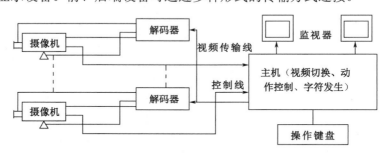

图 3-1　视频监控系统结构图

3.1　前端镜头的施工与调试

1. 镜头的种类

镜头与 CCD 摄像机配合，可以将远距离目标成像在 CCD 摄像机的靶面上。镜头是用以生成影像的光学部件，由多片透镜组成，其主要功能为收集被照物体反射光并将其聚焦于 CCD 上，其投影至 CCD 上的图像为倒立，摄像机电路具有将其反转功能，其成像原理与人眼相同。

镜头的分类方法很多，主要根据焦距、焦距数字大小、光圈和镜头伸缩调整等方式分类。

（1）根据焦距分类有固定焦距和变焦距。变焦距是指焦距可以根据需要进行调整，使被摄物体的图像放大或缩小。变焦镜头一般为六倍、十倍变焦。三可变镜头是指可调焦距、调聚焦、调光圈。二可变镜头是指可调焦距、调聚焦、自动光圈。

（2）根据焦距数字大小分类有标准镜头（视角 30° 左右）、广角镜头（视角 90° 以上）、远摄镜头（视角 20° 以内）等。

（3）根据光圈分类有固定光圈式（fixediris）、手动光圈式（manualiris）、自动光圈式（autoiris）等。人为手工调节光圈的，称为手动光圈。镜头自带微型电机自动调整光圈的，称为自动光圈。无光圈，即定光圈，其通光量是固定不变的。

（4）根据镜头伸缩调整方式分类有电动伸缩镜头、手动伸缩镜头等。

2．镜头选用原则

为了获得预期的摄像效果，在选用镜头时，应注意以下基本要素。

（1）被摄物体的大小。

（2）被摄物体的细节尺寸。

（3）物距。

（4）焦距。

（5）CCD 摄像机靶面的尺寸。

（6）镜头及摄像系统的分辨率。

1）手动、自动光圈镜头的选用

手动、自动光圈镜头的选用取决于使用环境的照度是否恒定。

对于在环境照度恒定的情况下，如电梯轿箱内、封闭走廊里、无阳光直射的房间内，均可选用手动光圈镜头，这样可在系统初装调试中根据环境的实际照度，一次性调整好镜头的光圈大小，获得满意亮度画面即可。

对于环境照度处于经常变化的情况，如随日照时间而照度变化较大的门厅、窗口及大堂内等，均需选用自动光圈镜头，这样便可以实现画面亮度的自动调节，获得良好的较为恒定亮度的监视画面。

对于自动光圈镜头的控制信号又可分为 DC 及 VIDEO 控制两种，即直流电压控制及视频信号控制。这在自动光圈镜头的类型选用上；摄像机自动光圈镜头插座的连接方式上，以及选择自动光圈镜头的驱动方式开关上，三者注意协调配合好即可。

2）定焦、变焦镜头的选用

定焦、变焦镜头的选用取决于被监视场景范围的大小，以及所要求被监视场景画面的清晰程度。

在镜头规格（一般为 1/3″、1/2″和 2/3″等）一定的情况下，镜头焦距与镜头视场角的关系为镜头焦距越长，其镜头的视场角就越小；在镜头焦距一定的情况下，镜头规格与镜头视场角的关系为镜头规格越大，其镜头的视场角也越大。因此由以上关系可知，在镜头物距一定的情况下，随着镜头焦距的变大，在系统末端监视器上所看到的被监视场景的画面范围就越小，但画面细节越来越清晰；而随着镜头规格的增大，在系统末端监视器上所看到的被监视场景的画面范围就增大，但其画面细节越来越模糊。

在狭小的被监视环境中如电梯轿箱内，狭小房间均应采用短焦距广角或超广角定焦镜头；在开阔的被监视环境中，首先应根据被监视环境的开阔程度，用户要求在系统末端监视器上所看到的被监视场景画面的清晰程度,以及被监视场景的中心点到摄像机镜头之间的直线距离为参考依据,在直线距离一定且满足覆盖整个被监视场景画面的前提下,应尽量考虑选用长焦距镜头,这样可以在系统末端监视器上获得一幅具有较清晰细节的被监视场景画面。

3）镜头焦距的理论计算摄取景物的镜头视场角是极为重要的参数,镜头视场角随镜头焦距及摄像机规格大小而变化（其变化关系如前所述）,覆盖景物镜头的焦距可用下述公式计算:

$$f = uD/U \text{ 或 } f = hD/H$$

式中,f 为镜头焦距；U 为景物实际高度；H 为景物实际宽度；D 为镜头至景物实测距离；u 为图像高度；h 为图像宽度。

例如,当选用 1/2″镜头时,图像尺寸为 $u=4.8\text{mm}$,$h=6.4\text{mm}$。镜头至景物距离 $D=3500\text{mm}$,景物的实际高度为 $U=2500\text{mm}$。

可得 $f=4.8\times3500/2500=6.72\text{mm}$,因此选用 6mm 定焦镜头即可。

3.1.1 前端镜头施工与调试方法

1. 镜头接口

所有的摄像机镜头均是螺纹口的,CCD 摄像机的镜头安装有两种工业标准,即 C 安装座和 CS 安装座,如图 3-2 所示。两者螺纹部分相同,但两者从镜头到感光表面的距离不同。

C 安装座:从镜头安装基准面到焦点的距离是 17.526mm。

CS 安装座:特种 C 安装,此时应将摄像机前部的垫圈取下再安装镜头。其镜头安装基准面到焦点的距离是 12.5mm。如果要将一个 C 安装座镜头安装到一个 CS 安装座摄像机上时,则需要使用镜头转换器。

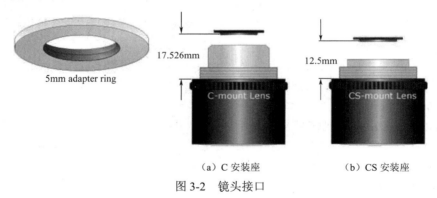

（a）C 安装座　　　　　　　（b）CS 安装座

图 3-2　镜头接口

注意:用 C 安装座镜头直接往 CS 安装座摄像机上旋入时极有可能损坏 CCD 摄像机的芯片,要切记这一点。

2. 镜头选用与安装原则

（1）摄像机镜头应避免强光直射,保证摄像机靶面不受损伤。镜头视场内,不得有遮挡监视目标的物体。

（2）摄像机镜头应从光源方向对准监视目标,并应避免逆光安装；当需要逆光安装时,应降低监视区域的对比度。

（3）镜头像面尺寸应与摄像机靶面尺寸相适应。摄取固定目标的摄像机,可选用定焦镜头；在有视角变化的摄像场合,可选用变焦距镜头。

（4）监视目标亮度变化范围高低相差达到 100 倍以上或昼夜使用的摄像机，应选用自动光圈或电动光圈镜头。

（5）当需要遥控时，可选用具有光对焦、光圈开度、变焦距的遥控镜头；电动变焦镜头焦距可以根据需要进行电动控制调整，使被摄物体的图像放大或缩小，焦距可以从广角短焦变到长焦，焦距越长成像越大。

3．镜头安装方法

首先去掉摄像机及镜头的保护盖，然后将镜头对准上的镜头安装位置，顺时针转动镜头直到将其牢固安装到位。

若是自动光圈镜头，则将其控制线缆方形插头定位销与摄像机摄像机侧面的自动光圈插座定位孔对正，插入镜头控制插头并确认插接牢固。将摄像机控制开关置于"ALC"端，安装的镜头是直流控制型，则选择开关置于"DC"端；镜头若是视频控制类型的，则选择开关置于"VIDEO"端。

4．镜头拆卸

（1）先将镜头按逆时针方向转动，直到拆下镜头。

（2）将自动光圈镜头电缆插头从自动光圈镜头连接器上取下。当摄像机为手动光圈镜头时，本步骤省略。

（3）最后，在已拆卸镜头的摄像机接口处装上 CCD 防护盖，防止 CCD 被损坏。

3.1.2　前端镜头施工与调试实训

1．设备、器材

镜头（C 和 CS）各 1 个、电源线 1 根、线缆若干、视频线两根、BNC 头 1 对、模拟摄像机 1 台、直流 12V 电源 1 个、工具包 1 套、图像测试仪 1 套、监视器 1 台。

2．前端镜头施工与调试实训引导文

1）实训目的

（1）通过完成摄像机、镜头安装实训任务，能够按工程设计及工艺要求正确检测、安装和连线。

（2）对设备的安装质量进行检查。

（3）使用测试仪或监视器对摄像机图像进行测试。

（4）编写施工与调试说明书（注明安装注意事项）。

2）必备知识点

（1）掌握镜头接口类型 C 和 CS。

（2）掌握不同接口类型对应的摄像机接口的安装方法。

（3）会使用图像测试仪测试图像。

（4）会制作视频线缆。

（5）会搭建小型的视频监控系统。

3）施工说明

（1）施工前的准备

① 应掌握摄像机、镜头的种类、结构和工作原理，以及摄像机、镜头的作用和功能；掌

握监控系统的工作原理图。

② 画出单头单尾监控系统的连接图。

③ 对摄像机与镜头的外观进行检查，摄像机的外观应完好、无脱漆、无挤压变形。CCD摄像机靶面应无划痕、破损，镜头前后镜面应无划痕、破损，自动光圈镜头控制线缆及插头应完整。

④ 确认摄像机与镜头的安装方式，确认镜头规格尺寸与摄像机靶面规格尺寸一致。

⑤ 制作视频线缆。

（2）施工与调试

① 取出摄像机，取下保护盖。

② 取出镜头，取下镜头前后保护盖。

③ 将镜头对准摄像机上的镜头安装位置，顺时针转动镜头直到将其牢固安装到位。

④ 将摄像机用视频线与图像测试仪连接，用测试仪查看图像质量。

⑤ 将摄像机用视频线与监视器连接，接通摄像机、监视器电源，一边观察一边调整镜头焦距、光圈、聚焦，直到监视器上的图像最佳。

4）施工注意事项

（1）安装前务必确认镜头及摄像机安装接口类型，安装类型不同时要预先装配接圈。

（2）安装镜头前务必确认镜头与CCD摄像机靶面尺寸的一致性。

（3）安装镜头要保持现场清洁，不得触碰、污损镜头前后镜面及CCD摄像机靶面。

（4）镜头安装后应旋紧所有紧固螺钉。

3．任务步骤

（1）使用摄像机与镜头、监视器等构成单头单尾监控系统，并画出原理图。

（2）列出所需工具和器材，并完成表3-1。

表3-1　实训设备清单

编　号	产品名称	产品型号	单　位	数　量	备　注
1					
2					
3					
4					
5					

（3）领取实验器材（包括实验工具和电子元件）。

（4）安装调试前根据实训引导文详细阅读相关设备的说明书。

（5）将镜头安装于摄像机上。

（6）将摄像机信号使用视频线接入图像测试仪或监视器。

（7）完成摄像机供电线缆连接。

（8）经老师检查接线正确后，通电（注意：一定要检查，防止损坏实验器材）。

（9）使用图像测试仪或监视器查看图像质量。

（10）编写施工与调试说明书。

3.2 防护罩与支架的施工与调试

1. 防护罩的种类

摄像机防护罩是为了保护摄像机在有灰尘、雨水、高低温等情况下正常使用的防护装置。一般可分为室内和室外使用。

（1）室内防护罩。室内防护罩的主要功能是保护摄像机和镜头，使其免受灰尘、杂质和腐蚀性气体的污染并有一定的安全防护、防破坏、隐蔽作用。

（2）室外防护罩。室外防护罩除防尘之外，更主要的作用是保护摄像机在各种恶劣自然环境（如雨、雪、低温、高温等）下正常工作。因而，室外全天候防护罩不仅具有更严格的密封结构，还具有雨刷、喷淋、升温和降温等多种功能。因此室外防护罩可分为防热防晒、防冷除霜、防水防尘等。

防护罩根据外形又可分为一般防护罩、半球形吸顶防护罩、悬挂式防护罩等，如图 3-3 所示。

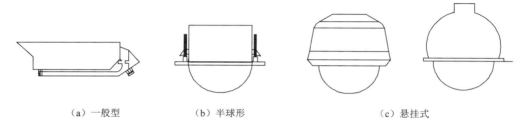

（a）一般型   （b）半球形   （c）悬挂式

图 3-3 防护罩外形图

2. 支架的种类

支架是用于固定摄像机的部件，一般有壁挂式支架、角装支架、柱装支架、吸顶式支架、嵌入式支架、悬挂式支架等。根据应用环境的不同，又可分为摄像机支架和云台支架。

（1）摄像机支架。摄像机支架一般均为小型支架，有注塑型及金属型两类，可直接固定摄像机，也可通过防护罩固定摄像机，所有的摄像机支架都具有方向调节功能，通过对支架的调整，即可以将摄像机的镜头准确地对向被摄现场。

（2）云台支架。由于承重要求高，云台支架一般均为金属结构，且尺寸也比摄像机支架大。考虑到云台自身已具有方向调节功能，因此，云台支架一般不再有方向调节的功能。有些支架为配合无云台场合的中大型防护罩使用，在支架的前端配有一个可上下调节的底座，大型室外云台一般采用摄像机支架为大型支架。

支架主要有如图 3-4 所示的 5 种安装方法。

如图 3-4（a）所示是一种墙壁和天花板安装支架，可以通过基座上 4 个安装孔固定在墙壁或天花板上，旋松紧固螺丝后可以自由调节摄像机安装座的水平、垂直方位，调节好合适的方位后，拧紧螺丝固定方位。

如图 3-4（b）所示是一种利用万向球调节水平、垂直方位的壁装支架。摄像机上的螺孔直接与万向球顶端螺丝拧紧，放松中间支撑杆和基座螺纹，方向球可以自由转动，将摄像机调整到合适的方位，拧紧中间支撑杆和基座螺纹，万向球不再转动，摄像机被固定。必须注意万向球与其外部的紧固装置要有较大的接触面，才能保证万向球的长期固定；若万向球靠个别点固定，遇有震动，位置就容易被移动。

如图 3-4（c）所示是一种安装云台用的壁装支架，用铸铝制造，有较大的载重能力，尺寸也比摄像机支架大。考虑到云台已具有方向调节功能，云台支架不再调节。

如图 3-4（d）所示是一种可以在室外使用的壁装支架，一般用来吊装摄像机，这种支架用金属制造，有一定的防潮能力，但仍应尽量安装在屋檐下，减少雨淋，延长使用寿命。

如图 3-4（e）所示是一种可以在室外使用的载重支架，用钢板制造，有较大负荷能力，松开螺丝后，可以将摄像机安装座方位作一定的调节，调节好合适的方位后，拧紧螺丝固定方位。常将这种支架固定在自制的基座上。

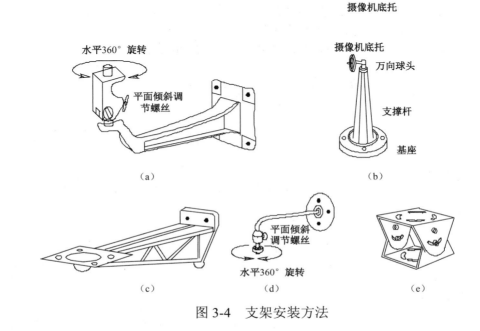

图 3-4　支架安装方法

3.2.1　防护罩与支架施工方法

1. 防护罩施工方法

1）检查安装位置

检查防护罩安装位置的现场情况，防护罩支架安装面应具有足够的强度，安装地点应确保有容纳摄像机防护罩的足够空间，确保防护罩安装完成后能够上下、左右转动，灵活调整摄像机监控范围。

2）安装室内防护罩

室内防护罩安装方式分为壁装支架安装和吊装支架安装两种。

（1）壁装支架安装室内防护罩。

① 用螺钉旋具将室内防护罩后盖板的固定螺钉拧下，取下后盖板。

② 将防护罩上盖抽出或拧下固定螺钉将上盖取下。

③ 拧下摄像机固定滑板螺钉，取出固定滑板。

④ 将防护罩放置在支架安装板上，调整防护罩位置使防护罩底面安装面与支架安装孔

对正。

　　⑤ 使用支架上自带的固定螺钉或选配适宜的安装螺钉将室内防护罩底面固定在支架上。

　　⑥ 将防护罩上盖装回并用螺钉紧固。

　　（2）吊装支架安装室内防护罩。

　　① 用螺钉旋具将室内防护罩后盖板的固定螺钉拧下，取下后盖板。

　　② 将防护罩上盖抽出或拧下固定螺钉将上盖取下。

　　③ 用螺钉旋具将固定防护罩底部安装座的螺钉拧下，将安装座放置在防护罩上盖上面并使安装孔正对，用螺钉紧固。

　　④ 将防护罩上盖插回并用螺钉紧固。

　　⑤ 将安装在防护罩上盖的安装座螺口与支架上的安装孔对正，用支架自带的固定螺钉或选配适宜的安装螺钉将室内防护罩底面固定在支架上。

　　⑥ 将防护罩后盖板装回并用螺钉紧固。

　　3）安装室外防护罩

　　（1）向上扳起室外防护罩后部锁扣，逆时针旋转半圈松开挂钩，打开防护罩顶盖，气动拉杆可以保持防护罩顶盖始终处于打开状态。

　　（2）拧下摄像机固定滑板螺钉，取出固定滑板。

　　（3）将防护罩放置在支架安装板上，调整防护罩位置使防护罩底面固定孔与支架安装孔对正。

　　（4）使用支架上自带的固定螺钉或选配适宜的安装螺钉将室外防护罩底面固定在支架上。

2．支架施工方法

　　支架是用来安装摄像机或内装摄像机的防护罩与云台的，所以支架的摄像机安装座必须能调整水平位置和垂直方位。支架安装方法一般有壁挂式支架、柱装支架、吸顶式支架、嵌入式支架、悬挂式支架等。支架安装部位标注符号如表3-2所示。

表3-2　设备支架安装部位标注符号

安 装 方 式	符　　号	安 装 方 式	符　　号
壁挂式安装	W	顶棚式安装	CR
吸顶式安装	S	墙壁内安装	WR
嵌入式安装	R	台上安装	T
悬挂式安装	P	柱上安装	CL

　　支架固定件主要采用金属膨胀螺栓、塑料胀塞、木锲、抱箍等。

　　1）壁挂式摄像机柱装支架

　　如图3-5所示，在立柱上安装壁挂式支架，应提前根据立柱的直径制作柱装支架。柱装支架一般由抱箍和支架安装面组成。安装时旋松箍上的螺栓，将箍带的一端拆下来，把箍带包围在立柱的安装位置上，将箍带的一端穿过柱装底座上的条形孔，然后穿入箍套的插孔内，旋紧箍套的锁紧螺栓，将箍带抱紧在立柱上。将电源电缆、通信电缆、视频电缆从柱装底座的中心孔、防水胶垫中心孔、支架中心孔中穿出来，留出足够的接线长度。用 M8 螺丝钉将支架紧固在柱装底座上。安装球机的支柱必须能承受球机、支架及柱装底座重量之和的 4 倍。将电源电缆、通信电缆及视频电缆穿过支架孔，留出足够的接线长度。用 4 个 M8 螺母、垫圈把支架紧固在墙壁上，然后安装摄像机。

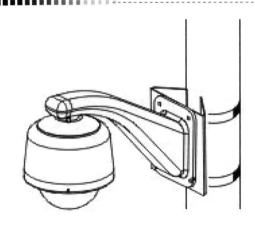

图 3-5 壁挂式摄像机柱装支架安装

2）悬挂式摄像机支架

吸顶式一体化球形遥控摄像机支架底座的长度很短，无法满足球形遥控摄像机对监控视角的要求，因此需要安装悬挂式延长支架，即在支架底座上安装悬挂式吊杆。悬挂式吊杆支架按照吊杆的直径大小分为粗杆和细杆，按照吊杆的长度又有长杆和短杆之分。

室外安装的一体化球形遥控摄像机，如壁挂式支架不能满足遥控摄像机对监控视角的要求，则需要安装悬挂式支架。

悬挂式伸展支架的样式很多，主要特点是支架中央有供外悬吊杆插入的套筒和禁锢吊杆的紧固螺钉等。

（1）先按照正确的方法将特制的悬挂式摄像机支架安装在墙面上，然后旋松支架套筒侧面的紧固螺钉。

（2）将伸展式吊杆支架插入套筒内，调整好方向，拧紧紧固螺钉。

（3）线缆追位时将线缆敷设至套筒内吊杆的安装端，通过吊杆内的带线将线缆从吊杆的安装端穿出。

3.2.2 防护罩施工实训

1．设备、器材

防护罩 1 个、线缆若干、工具包 1 套、沉头螺钉与螺母若干、摄像机 1 台、镜头 1 个、图像测试仪 1 套、视频线 2 根。

2．防护罩施工实训引导文

1）实训目的

（1）通过将摄像机与镜头装入防护罩，并将防护罩安装在指定位置的实训任务，掌握防护罩的安装与使用方法。

（2）对设备的安装质量进行检查。

（3）编写施工说明书（注明安装注意事项）。

2）必备知识点

（1）掌握如何将摄像机安装于防护罩内。

（2）掌握如何打开防护罩。

（3）掌握如何在防护罩内穿线（视频线与电源线）。

（4）掌握防护罩的安装方法。

3）施工说明

（1）施工前的准备

① 对摄像机、镜头与防护罩的外观进行检查，外观应完好、无脱漆、无挤压变形。

② 制作视频线缆。

（2）施工与调试

① 镜头安装于摄像机上。

② 打开防护罩，取出摄像机安装底板。

③ 将摄像机固定在底板上。

④ 摄像机和底板固定在防护罩内（注意镜头的方向）。

⑤ 完成线路连接（视频线、电源线等）。

⑥ 将安装好摄像机的防护罩锁住，然后将防护罩安装于指定位置。

⑦ 将摄像机的视频输出与图像测试仪连接，用测试仪查看图像质量。

4）施工注意事项

（1）拆开防护罩，注意保管好螺丝。

（2）用螺丝刀拧螺丝注意不要滑牙。

（3）安装完毕应旋紧所有紧固螺钉。

3．任务步骤

（1）打开防护罩上盖板和后挡板，如图 3-6 所示。

图 3-6　打开防护罩

（2）抽出固定金属片，将摄像机固定好，如图 3-7 所示。

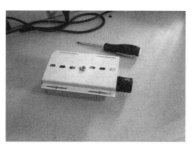

（a）√　　　　　　　　　　　　　（b）×

图 3-7 摄像机装入防护罩

（3）将摄像机与电源适配器装入防护罩内，如图3-8所示。

图3-8　电源适配器装入防护罩

（4）复位上盖板和后挡板，理顺电缆，固定好，装到支架上，如图3-9所示。

图3-9　防护罩安装于支架

（5）完成摄像机供电线缆连接。

（6）经老师检查接线正确后，通电（**注意：一定要检查，防止损坏实验器材**）。

（7）将摄像机用视频线与图像测试仪连接，用测试仪查看图像质量，调整到图像最佳状态。

（8）编写施工说明书。

3.3　云台、解码器、硬盘录像机的施工与调试

1. 云台的种类

（1）按使用环境分类，可以分为室内型和室外型，主要区别是室外型密封性能好，防水、防尘，负载大。为了防止驱动电机遭受雨水或潮湿的侵蚀，室外全方位云台一般都具有密封防雨功能。

（2）按安装方式分类，可以分为侧装和吊装，就是把云台安装在天花板上还是安装在墙壁上。

（3）按外形分类，可以分为普通形和球形，球形云台是把云台安置在一个半球形、球形防护罩中，除了防止灰尘干扰图像外，还隐蔽、美观、快速。

（4）按云台工作方式分类，可以分为固定云台和电动云台。固定云台适用于监视范围不大的情况，在固定云台上安装好摄像机后可调整摄像机的水平和俯仰的角度，达到最佳的工作状态后只要锁定调整机构就可以了。电动云台适用于对大范围进行扫描监视，它可以扩大摄像机的监控范围。

（5）按转动方向分类，可以分为水平旋转云台和全方位云台。全方位云台又称为万向云台，其台面既可以水平转动，又可以垂直转动，因此，可以带动摄像机在三维立体空间全方位监视。

全方位云台内装有两个电动机，一个负责水平方向的转动，另一个负责垂直方向的转动。水平转动的角度一般为350°，垂直转动则有±45°、±35°、±75°等多种角度可供选择。

水平旋转云台仅可进行水平方向旋转。

（6）按供电方式分类，云台按供电方式分有交流24V和交流220V两种。

2．解码器

解码器的主要作用是接收控制中心系统主机（或控制器）送来的编码控制信号，并加以解码，转换成控制命令控制摄像机及其辅助设备的各种动作，如控制云台的上、下、左、右旋转，变焦镜头的变焦、聚焦、光圈及对防护罩雨刷器、摄像机电源、灯光等设备的控制，还可以提供若干个辅助功能开关，以满足不同用户的实际需要。

解码器的电路以单片机为核心，由电源电路、通信接口电路、自检及地址输入电路、输出驱动电路、报警输入接口等电路组成。解码器一般不能单独使用，需要与系统主机配合使用。

解码器分为室内型和室外型，室外型有一个防水箱，要做好防水处理，在进线口处应用防水胶封好。

解码器到云台、镜头的连接线不要太长，因为控制镜头的电压为直流12V左右，传输太远则压降太大，会导致镜头不能控制。

解码器应具有自检功能，即不需要远端主机的控制，解码器在通信正确时，通信指示灯应闪亮。

解码器与其他设备之间一般采用链式或星形连接方式。

链式连接是标准的接线方式，所有解码器均挂接在485总线上，具有通信距离远，传输数据稳定的特点，最后一个解码器需要用跳线接通120Ω电阻，用来阻抗匹配，改善通信质量，施工时尽量利用此种布线方式。如图3-10所示，图中T代表120Ω终端匹配电阻。

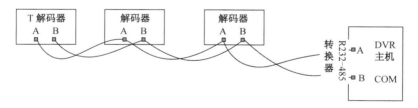

图3-10　解码器间的链式连接

星形连接是电视监控系统中最常用的布线方法，如图3-11所示。星形连接的优点是施工、维护简单方便；缺点是比较费线。

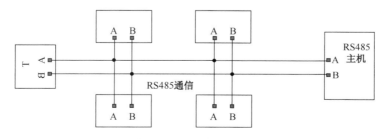

图3-11　星形连接示意图

RS485 信号线为两条，一条为 A，另一条为 B，一般来说，A 应与 A 相接；B 应与 B 相接。需要注意的是，不同厂家出厂的产品，对 A、B 的定义不一样，因此在应用中，可以尝试交换 A、B 的接线（只要 A、B 不短路，就不会损坏器件），来解决调试不通的问题。

3. 硬盘录像机

硬盘录像机（Digital Video Recorde，DVR）集合了画面分割器、云台镜头控制、报警控制、网络传输等 5 种功能于一身，用一台设备就能取代模拟监控系统一大堆设备的功能。DVR 的基本功能是将模拟的音、视频信号转变为数字信号存储在硬盘上，并提供与录制、播放和管理节目相对应的功能。

DVR 常用的接口有 BNC、VGA、RCA、RJ45、HDMI 等。

（1）BNC：即同轴电缆接头，用于传输模拟信号，可以隔绝视频输入信号，使信号间干扰减少，达到更佳的信号相应效果。

（2）VGA：是显卡上应用最为广泛的接口，它传输红、蓝、绿模拟信号及同步信号。可以显示 1080P 的图像，甚至分辨率更高的信号，由于 VGA 将视频信息分解为 R、G、B 三原色和 HV 行场信号进行传输，在传输过程中的损耗小。

（3）RCA：俗称莲花插座，又称为 AV 端子，即可用在音频信号，又可用在视频信号。

（4）RJ45：通常用于数据传输，最常见的应用为网卡接口。

（5）HDMI：高清晰度多媒体接口，是一种数字化/音频接口技术，是适合影像传输的专用型数字化接口，可同时传送音频和影像信号，最高传输速度可达 5Gbps，且无需再信号传送前进行数模或模数转换。

DVR 的配置容量计算公式如下。

所需配置的硬盘容量（单位为 G）=码流量（M/S）×3600×24×路数×时间（天）÷1024÷8

4. 网络硬盘录像机

网络硬盘录像机（Network Video Recorder，NVR）是一类视频录像设备，与网络摄像机或视频编码器配套使用，实现对通过网络传送过来的数字视频的记录。

NVR 产品的前端与 DVR 不同。DVR 产品前端就是模拟摄像机，可以把 DVR 当做是模拟视频的数字化编码存储设备，而 NVR 产品的前端可以是网络摄像机（IP Camera）、视频服务器（视频编码器）、DVR（编码存储），其设备类型更为丰富，更为注重网络应用。

NVR 存储设备有效容量的计算公式如下。

存储容量（GB）=有效磁盘数×单磁盘有效容量

有效磁盘数如表 3-3 所示。单磁盘有效容量如表 3-4 所示。

表 3-3　有效磁盘数

RAID 等级	有效磁盘数	RAID 等级	有效磁盘数
JBOD	物理磁盘数（不计热备盘）	RAID1	物理磁盘数×0.5（不计热备盘）
RAID0	物理磁盘数（不计热备盘）	RAID5	物理磁盘数-1（不计热备盘）

表 3-4　单磁盘有效容量

磁　盘　类　型	有效容量（GB）
1TBSATA	930
2TBSATA	1860
3TBSATA	2790

例：一台 IPSAN 阵列，磁盘 16 块，采用 RAID5 等级，规划热备盘一块，磁盘类型为 1TB，求 IPSAN 阵列的有效容量？

$$（16-1-1）×930÷1024=12.715（TB）$$

3.3.1　云台、解码器、硬盘录像机施工与调试方法

1．云台与解码器的接线端子

下面以普通室内壁装云台与 AB40 系列室内解码器为例，介绍云台与解码器的接线端子。

（1）云台的接线端子。将云台底部三个螺丝拧开，抽出底板，露出接线端子，如图 3-12 所示。云台的接线端子，如图 3-13 所示。

图 3-12　云台底部

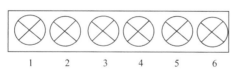

1 COM　公共
2 DOWN　向下
3 UP　　向上
4 RIGHT　向右
5 LEFT　向左
6 AUTO　自动

图 3-13　云台的接线端子

（2）解码器的接线端子。AB40 系列室内解码器外形，如图 3-14 所示。

图 3-14　AB40 系列室内解码器外形图

使用六角工具打开解码器，接线端子如图 3-15 所示。

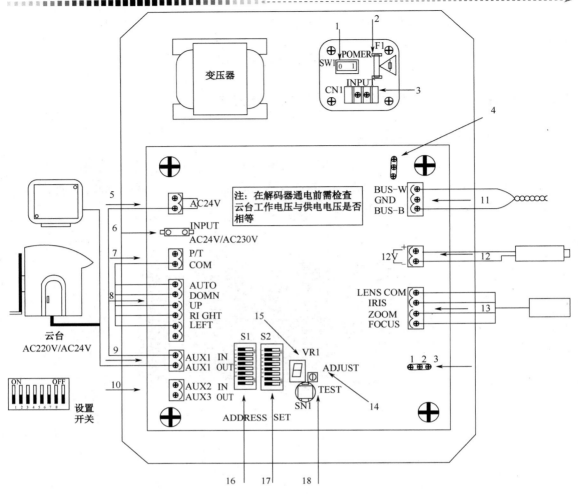

1—电源开关；2—交流220V保险丝；3—交流220V/50Hz输入接线柱；4—120Ω匹配电阻跳线；

5—交流24V输出端；6—云台供电电源选择插口AC24V/AC220V；7—云台驱动公共端；

8—云台驱动上、下、左、右自动电输出端；9—辅助开关1接线端（常开）；10—辅助开关2接线端（常开）；

11—控制线输入端；12—直流12V输出端；13—镜头控制电压输出端；14—工作状态LED显示；

15—镜头控制电压调节±6V～±12V；16—解码器地址开关；17—设置开关；18—自检按钮

图3-15　解码器接线端子

2. 硬盘录像机接口与硬盘的安装

（1）DVR接口。以大华L系列数字硬盘录像机为例，其接口如图3-16所示。

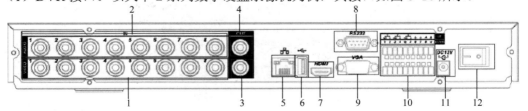

1—视频输入；2—音频输入；3—视频BNC输出；4—音频输出；5—网络接口；6—USB接口；7—HDMI接口；

8—RS-232接口；9—视频VGA输出；10—报警输入、报警输出、RS-485接口；11—电源输入孔；12—电源开关

图3-16　数字硬盘录像机后面板接口示意图

（2）DVR 的拆卸与硬盘的安装。初次安装时首先检查是否安装了硬盘，该机箱内可安装1 个硬盘（容量没有限制）。硬盘拆卸和安装过程如图 3-17 和图 3-18 所示。

（a）拆卸主机上盖的固定螺丝

（b）拆卸机壳

（c）拆卸硬盘上固定 4 个螺丝（转三圈）

图 3-17　硬盘录像机的拆卸

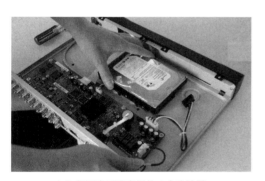

（a）把硬盘对准底板的 4 个孔放置

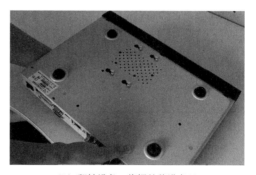

（b）翻转设备，将螺丝移进卡口

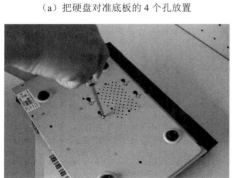

（c）将硬盘固定在底板

（d）插上硬盘线和电源线

图 3-18 硬盘的安装

（e）合上机箱盖，固定螺丝

图 3-18　硬盘的安装（续）

3．云台、解码器设置与自检

按照云台与解码器的接线端将其连接，确认无误后进入设置与自检。

1）解码器的设置

解码器通常有 3 个参数需要人工设置，它们分别是通信波特率、地址代码和通信协议。其设置如表 3-5 和表 3-6 所示。

通信波特率是指解码器与硬盘录像机或与矩阵通过 485 总线通信时的通信速率，不同的通信协议通信速率不相同，但大致可以分为 1200bps、2400bps、4800bps、9600bps 4 种。它们通常用二进制拨码开关来设置。AB40 系列室内解码器共计两个设置开关，S1 用于设置解码器地址代码，S2 低 4 位作为通信波特率的设置开关，高 4 位为通信协议设置开关。

注意：解码器设置后，必须重新通电新设置才会生效。

表 3-5　解码器地址代码设置

解码器地址	ADDRESS 12345678	解码器地址	ADDRESS 12345678
0	00000000	9	10010000
1	10000000	10	01010000
2	01000000	11	11010000
3	11000000	12	00110000
4	00100000	13	10110000
5	10100000	14	01110000
6	01100000	15	11110000
7	11100000	…	…
8	00010000	63	11111100

表 3-6　通信波特率与通信协议类型设置

S2（SET）开关低 4 位的设置				通信波特率
1	2	3	4	
0	0	0	0	600
1	0	0	0	1200
0	1	0	0	2400
1	1	0	0	4800
0	0	1	0	9600
1	0	1	0	19200

S2（SET）开关高4位的设置				通信协议类型
5	6	7	8	
0	0	0	0	232码
1	0	0	0	键盘码
0	1	0	0	CODE码
1	1	0	0	华南光电
0	0	1	0	Pelco "p"
1	0	1	0	Pelco "D"

2）自检功能测试

为了工程调试上的方便，解码器大多有现场测试功能。当解码器通过开关设置工作于自检及手检状态时，便不再需要主机的控制。在自检状态时，解码器以时序方式轮流将所有控制状态周而复始地重复；而在手检状态时，则通过拨码开关每一位的接通状态来实现对云台、电动镜头、辅助照明开关等工作状态的调整。例如，通过手检使云台左右旋转，从而确定云台限位开关的位置。

解码器通电工作后，通过对S2（SET）开关的设置、自检按钮（红色）开关，可对云台、镜头、备用等功能进行控制，按下后数码管将显示相应的功能，可在不接控制码传输线的情况下检测解码器的功能是否正常，具体设置如表3-7所示。

表3-7　解码器自检设置

设置开关 12345678	LED显示	功　　能
10000000	1	云台向左
01000000	2	云台向右
11000000	3	云台向上
00100000	4	云台向下
10100000	5	近距离聚焦
01100000	6	远距离聚焦
11100000	7	特写镜头
00010000	8	广角镜头
10010000	9	减小光圈
01010000	a	增大光圈
11010000	b	云台自动
00110000	c	辅助开关1
10110000	d	辅助开关2

3.3.2　云台、解码器施工与调试实训

1．设备、器材

室内轻型云台1个、AB40系列室内解码器1个、L系列硬盘录像机1台、一体化摄像机1台、安装螺丝若干、线材若干、视频线2根、监视器1台、安装工具包1套、交流24V电源1个、交流220V电源1个。

2．云台、解码器施工与调试实训引导文

1）实训目的

（1）完成云台、摄像机、DVR 的安装与连接。

（2）完成解码器的自检。

（3）使用 DVR 控制解码器，从而控制云台与摄像机。

（4）对设备的安装质量进行检查。

（5）编写施工与调试说明书。

2）必备知识点

（1）云台的作用。

（2）解码器的作用。

（3）DVR 经 RS485 通过解码器完成对云台控制的过程。

（4）掌握云台、解码器与 DVR 的连接原理图。

（5）掌握解码器的设置。

（6）掌握解码器的自检。

（7）通过 DVR 对云台进行控制。

3）施工说明

（1）施工前的准备

① 检查室外云台安装位置的现场情况。

云台及支架安装面应具有足够的强度。云台安装面强度较差而必须在该位置安装时，应采取适当的加固措施。

安装地点应确保有容纳云台及其安装组件（摄像机防护罩等）的足够空间，确保云台安装面及其安装组件在安装完成后上下、左右转动无阻滞、剐蹭。

检查支撑云台机器安装组件的支架安装情况，支架安装应平直，并牢固于安装墙面或其他固定件连接，并保证支架至少应能够支撑 5 倍云台机器安装组件的总质量的承载能力。

② 检查室内解码器安装位置的现在情况及线管路由情况。

尽量选择坚固的墙面和便于敷设线管、线槽的安装位置。解码器安装面应具有足够的强度并尽可能靠近室内云台安装位置，以缩短解码器与云台、摄像机之间各类线缆的距离。

③ 云台上安装一体化摄像机。

取出一体化摄像机，抽出云台固定金属片，如图 3-19 所示，将摄像机固定在云台上；把焊接好的视频电缆 BNC 插头插入视频电缆的插座内，确认固定牢固、接触良好；将电源适配器的电源输出插头插入监控摄像机的电源插口，并确认牢固度；把视频电缆的另一头按同样的方法接入监视器的视频输入端口，确保牢固、接触良好。

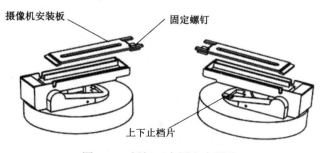

图 3-19　拆卸云台固定金属片

（2）施工与调试

① 云台安装。

a. 将室内云台侧放，用螺钉旋具拧下云台底盖板上的螺钉，拆下云台底盖板。

b. 用螺钉旋具拧下云台支架底部固定侧安装板的螺钉，将云台侧安装板及接线电路板从云台支架内抽出，如图 3-20 所示。

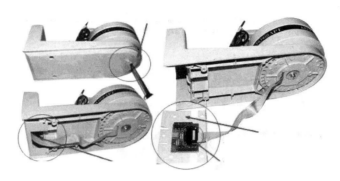

图 3-20　拆卸云台

c. 将云台侧安装板放平，小心查看接线电路板，将云台控制线缆从侧面出线孔穿出，留出足够的接线长度。

d. 将云台侧安装板及接线电路板紧靠在安装面上，按照侧安装板的安装孔位要求，用记号笔在墙面或其他固定件上做标记，如图 3-21 所示。

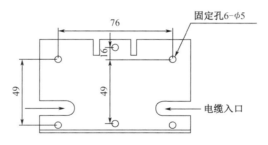

图 3-21　侧安装板

e. 使用冲击钻在安装孔标记处打孔（水泥墙、砖墙使用不小于 $\phi8$ 的冲击钻；金属构件上使用不小于 $\phi4.2$ 的钻头钻孔并用适当的丝锥攻螺纹，使用机制螺钉安装；在其他质地疏松的墙壁上安装时必须采取加固措施）。

f. 将不小于 $\phi5$ 的膨胀螺栓塞入打好的安装孔，使膨胀螺栓胀管与墙面平齐。

g. 将云台侧安装板固定孔与已安装的膨胀螺栓对正，将安装板挂在螺栓上，调整安装板位置至平直并紧贴墙面，将平垫与弹簧垫圈套入螺栓，旋紧螺母。

② 解码器安装。

a. 打开解码器面盖，将解码器紧靠在安装面上，按照解码器安装孔距的要求，用记号笔在墙面或其他固定件上做标记。

b. 根据前端设备、主控设备与解码器连接的线管/线槽敷设位置、管径、线槽规格及拟定的解码器安装位置,使用相应规格的开孔器在解码器机箱上钻线管连接孔或使用砂轮锯开线槽连接口。

c. 解码器机箱钻孔或切口后，将边缘毛刺清理干净，使用锉刀将切口打磨平滑。

d. 使用冲击钻在安装孔标记处打孔（水泥墙、砖墙使用不小于 $\phi 8$ 的冲击钻；金属构件上使用不小于 $\phi 4.2$ 的钻头钻孔并用适当的丝锥攻螺纹，使用机制螺钉安装；在其他质地疏松的墙壁上安装时必须采取加固措施）。

e. 将不小于 $\phi 6$ 的膨胀螺栓塞入打好的安装孔，使膨胀螺栓胀管与墙面平齐。

f. 将解码器机箱固定孔与已安装的膨胀螺栓对正，将解码器挂在螺栓上，调整解码器位置至平直并紧贴墙面，将平垫与弹簧垫圈套入螺栓，旋紧螺母。

g. 将前端设备、主控设备的线管/线槽与解码器紧固连接，并将连接线缆引入解码器。

③ 连接线缆。按照解码器连接线图等技术文件的要求连接电源线缆、通信控制线缆、云台控制线缆、摄像机镜头控制线缆。线缆连接完成后，认真核对各类线缆的连接位置确保无误，并确保线缆连接牢固可靠。将室内解码器箱盖盖好并紧固，带有锁扣的解码器加锁锁闭。

④ 调试。

a. 利用解码器自检功能，控制云台上、下、左、右运动；对摄像机的光圈、变焦、变倍等进行调节，比较实验结果。

b. 利用硬盘录像机进行调试。

4）施工注意事项

（1）解码器到云台、镜头的连接线不要太长，因为控制镜头的电压为直流 12V 左右，传输太远则压降太大，会导致镜头不能控制。另外由于多芯控制电缆比屏蔽双绞线要贵，所以成本也会增加。

（2）室外解码器要做好防水处理，在进线口处用防水胶封好是一种不错的方法，而且操作简单。

（3）从主机到解码器通常采用屏蔽双绞线，一条线上可以并联多台解码器，总长度不超过 1500m（视现场情况而定）。如果解码器数量太多，需要增加一些辅助设备，如增加控制码分配器，并在最后一台解码器上并联一个匹配电阻（一般以厂家的说明为准）。

3. 任务步骤

（1）以室内壁挂式云台为例进行云台与解码器的安装与调试。

（2）学生分组，列出材料清单后，领取实验器材。

（3）侧放云台，用改锥打开底盖板。

（4）去掉盖板，抽出接线板。

（5）将接线板平放在桌面上，小心拔出控制线缆。

（6）连接摄像机电源、镜头、视频端子等。

（7）查看解码器外壳，辨认接线端子、地址设置端子、功能按钮等。

（8）把一体化摄像机、云台的电缆接入解码器，注意不可带电操作。

（9）连接摄像机电源、云台电源、设定地址代码和通信波特率开关。

根据镜头或摄像机、云台的要求，从解码器的电源输出端接出摄像机电源，并调整云台的电源，并根据硬盘录像机的设定或压缩卡的设定，调整好地址代码和通信波特率。接入 220V 电源线。最后接出 485 总线，正负极必须完全对应。

（10）对解码器进行自检操作，控制云台上、下、左、右旋转，控制镜头聚焦、调焦。

（11）通过 485 总线将解码器接入硬盘录像机。

（12）通过硬盘录像机设置通信协议、地址代码和通信波特率，具体设置如下。

在硬盘录像机中执行【菜单】→【系统设置】→【云台设置】命令，如图 3-22 所示。

【通道】选择球机摄像头接入的通道。

【协议】选择相应品牌型号的解码器协议（如 PELCOD）。

【地址】设置为相应的解码器地址，默认为"1"（注意此处的地址务必与解码器的地址相一致，否则无法控制解码器）。

【波特率】选择相应解码器所用的波特率，可对相应通道的云台及摄像机进行控制，默认为"9600"。

【数据位】默认为"8"。

【停止位】默认为"1"。

【校验】默认为无。

保存设置后，在硬盘录像机单画面监控下右击，弹出如图 3-23 所示的辅助功能界面。按图 3-24 对解码器与云台进行控制。

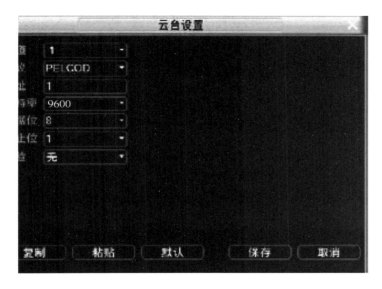

图 3-22　硬盘录像机设置

图 3-23　辅助功能界面

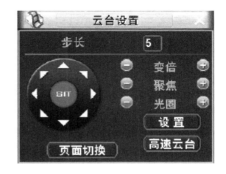

图 3-24　云台设置与控制画面

（13）通过硬盘录像机控制云台上、下、左、右旋转，对镜头进行聚焦、调焦等控制。

（14）编写施工与调试说明书。

3.4 枪式摄像机的施工与调试

摄像机主要作用是把光学图像信号转变为电信号，以便于存储或传输。当拍摄物体时，此物体上反射的光被摄像机镜头收集，使其聚焦在摄像器件的受光面（摄像机的靶面）上，再通过摄像器件把光转变为电能，即得到了"视频信号"，光电信号很微弱，需通过预放电路进行放大，再经过各种电路进行处理和调整，最后得到的标准信号可以送到录像机等记录媒介上记录下来，或者通过传播系统传播或送到监视器上显示出来。

1. 摄像机的分类

摄像机用途广泛、种类繁多，其分类方法也很多。

（1）按性能分类可以分为以下几种。

① 普通摄像机：工作于室内正常照明或室外白天，正常工作所需照度为 1～3lx。

② 暗光摄像机：也称月光型，工作于室内无正常照明的环境里，正常工作所需照度为 0.1lx。

③ 微光摄像机：也称星光型，工作于室外月光或星光下，正常工作所需照度为 0.01lx 以下。

④ 红外摄像机：工作于室内外无照明的场所。原则上可以零照度，采用红外光源成像。

（2）按图像颜色分类，可以分为彩色摄像机和黑白摄像机。

（3）按使用环境分类，可以分为以下两种。

① 室内摄像机：无防护装置。

② 室外摄像机：有防护装置。

（4）按外形分类，可以分为以下几种。

① 枪式摄像机：监视固定目标，如图 3-25 所示。枪机多用于户外，对防水、防尘等级要求较高。

② 可旋转式摄像机：带旋转云台，可上、下、左、右旋转，如图 3-26 所示。

图 3-25　枪式摄像机　　　　　　　　　图 3-26　可旋转式摄像机

③ 球形摄像机：可做 360°水平旋转，90°垂直旋转。球机主要功能是可以 360°无死角监控，如图 3-27 所示。

④ 半球式摄像机：吸顶安装，可做上、下、左、右旋转。半球多用于室内，一般镜头较

小，可视范围广，如图 3-28 所示。

图 3-27　球形摄像机

图 3-28 半球式摄像机

（5）按扫描制式分类，可以分为以下两种。

① PAL 制：（国内）625 行 50 场。

② NTSC 制：525 行 60 场。

（6）按工作原理分类，可以分为以下两种。

① 数字摄像机。数字摄像机是通过双绞线传输压缩的数字视频信号。

② 模拟摄像机。模拟摄像机是通过同轴电缆传输模拟信号。

数字摄像机与模拟摄像机的区别除了传输方式之外还有清晰度，数字摄像机像素可达到百万高清效果。

（7）按应用环境分类，可以分为以下几种。

① 针孔摄像机，即超微型摄像机，它的拍摄孔径确实只有针孔一般的大小，而摄像头的大小则大概有一元硬币那么大。在大多数情况下，针孔摄像机被应用在保护人们的生命、财产和隐私上。

② 摄像笔，是世界上第一款采用内置存储器的微型数码摄像笔，是世界上最小的微型 DVR。它隐藏在钢笔里面，具备摄像、录音、拍照、U 盘、手写笔等功能，是现代尖端科技与传统应用地完美结合。

③ 烟感摄像机。烟感摄像机外形是烟感探测器的形状，一般很难认出，主要是起到隐蔽作用。多用在较敏感场所，为了不引起客人的反感而采用。当烟雾浓度达到一定值以后，传感器产生微弱电流被放大器放大直接驱动摄像机或通过伺服系统产生的动作驱动摄像机，进行拍摄，直到被烧坏，所以记录设备最好尽可能的远离采集现场。

④ 普通摄像机，主要是枪机、球机、半球机等。

⑤ 防暴摄像机。防暴摄像机就是在外来暴力打击下仍然可以保证部件正常工作的摄像机，特点就是其外壳具有很强的抗冲击能力。

⑥ 防爆摄像机。防爆摄像机属于防爆监控类产品，是防爆行业跟监控行业的交叉产物，因为在具有高危可燃性、爆炸性现场不能使用常规的摄像产品，需要具有防爆功能且有国家权威机构颁发的相关证书的产品才能称得上是防爆摄像机。

2．摄像机主要参数

摄像机主要参数如下。

（1）像素数。像素数是指摄像机 CCD 传感器的最大像素数，有些给出了水平垂直方向的像素数，如 500H×582V，有些则给出了前两者的乘积值，如 30 万像素。对于一定尺寸的 CCD 芯片，像素数越多则意味着每一像素单元的面积越小，因而由该芯片构成的摄像机的分辨率也就越高。

（2）分辨率。分辨率是衡量黑白摄像机优劣的一个重要参数，是指当摄像机摄取等间隔排列的黑白相间条纹时，在监视器（应比摄像机的分辨率高）上能够看到的最多线数，当超过这一线数时，屏幕上就只能看到灰蒙蒙的一片而不再能分辨出黑白相间的线条。

（3）最低照度。最低照度也是衡量摄像机优劣的一个重要参数，有时省掉"最低"两个字而直接简称"照度"。最低照度是当被摄景物的光亮度低到一定程度，而使枪式摄像机输出的视频信号电平低到某一规定值时的景物光亮度值。

（4）信噪比。信噪比也是摄像机的一个主要参数，是指信号电压对于噪声电压的比值，通常用符号 S/N 来表示。由于在一般情况下，信号电压远高于噪声电压，比值非常大，因此，实际计算摄像机信噪比的大小，通常都是对均方信号电压与均方噪声电压的比值取以 10 为底的对数再乘以系数 20，单位用 dB 表示。

当摄像机摄取较亮场景时，监视器显示的画面通常比较明快，观察者不易看出画面中的干扰噪点；而当摄像机摄取较暗的场景时，监视器显示的画面就比较昏暗，观察者此时很容易看到画面中雪花状的干扰噪点。干扰噪点的强弱（即干扰噪点对画面的影响程度）与摄像机信噪比指标的好坏有直接关系，即摄像机的信噪比越高，干扰噪点对画面的影响就越小。

3．摄像机选用原则

（1）根据安装方式选择。如固定安装，摄像机多选用普通枪式摄像机或半球摄像机；如采用云台安装方式，现多选用一体化摄像机，特点是：内置电动变焦镜头，小巧美观，安装方便，性价比高，也可采用普通枪式摄像机另配电动变焦镜头方式，但价格相对较高，安装也不及一体化摄像机简便。

（2）根据安装地点选择。由于普通枪式摄像机，既可壁装又可吊顶安装，因此室内、室外不受限制，比较灵活；而半球摄像机，只能吸顶安装，所以多用于室内且安装高度有一定限制，但和枪式摄像机相比，不需另配镜头、防护罩、支架，安装方便，美观隐蔽，且价格经济。

（3）根据环境光线选择。如果光线条件不理想，应尽量选用照度较低的摄像机，如彩色超低照度摄像机、彩色黑白自动转换两用型摄像机、低照度黑白摄像机等，以达到较好的采集效果。需要说明的是，如果光线照度不高，而用户对监视图像清晰度要求较高时，宜选用黑白摄像机。如果没有任何光线，就必须添加红外灯提供照明或选用具有红外夜视功能的摄像机，其特点是摄像机本身具有彩色黑白转换模式，自带镜头和安装支架，独特的真空包装设计，在室内使用时无需加装防护罩，且外形美观，隐蔽性好，性价比高。

（4）根据对图像清晰度的要求进行选择。如果对图像画质的分辨率要求较高，应选用分辨率较高的摄像机，或者采用数字摄像机。

3.4.1　枪式摄像机施工与调试方法

1．枪式摄像机接口

目前市场上枪式摄像机主要是模拟数字化一体机。主要以海康的枪式摄像机 DS-2CD4012FWD 为例进行介绍。

查看枪式摄像机后面的接线端子，如图 3-29 所示。

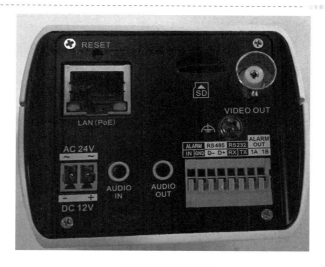

3-29 枪式摄像机接线端子

2. 枪式摄像机施工方法

枪式摄像机的安装施工方法如下。

（1）墙壁式安装。

① 在水泥天花板或墙面安装，需先安装膨胀螺钉（膨胀螺钉的安装孔位需要和支架一致），然后再安装支架。

② 在木质墙面上安装，可使用自攻螺钉直接安装。

③ 安装镜头：拆下摄像机上的 Sensor 防护盖，将镜头对准摄像机上的镜头安装接口，顺时针旋转镜头将其牢固安装到位，然后将镜头电缆插头插入到摄像机侧面的自动光圈接口上面，若安装手动光圈镜头则直接将镜头安装至摄像机接口即可。

④ SD 卡安装：本系列网络摄像机后面板具有 SD 卡插槽，将 SD 卡插入即可完成 SD 卡安装；如需卸下 SD 卡，可轻轻向内按压 SD 卡，内部弹性装置即可将 SD 卡弹出。

⑤ 安装支架：将摄像机支架固定在安装墙面上，如果是水泥墙面、天花板，需先安装膨胀螺钉（膨胀螺钉的安装孔位需要和支架一致），然后安装支架；如果是木质墙面，可使用自攻螺钉直接安装支架，如图 3-30 所示。

⑥ 安装摄像机：使用螺钉将摄像机固定到支架上，并调整摄像机至需要监控的方位，然后拧紧支架紧固螺钉，固定摄像机，如图 3-31 所示。

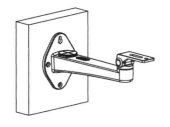

图 3-30　安装支架

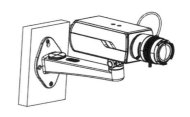

图 3-31 安装摄像机

（2）护罩式安装。

① 安装镜头：同前面的墙壁式安装。

② SD 卡安装：同前面的墙壁式安装。

③ 打开护罩：护罩安装时先向外拉开拉环，逆时针旋转 180°，向下轻压护罩盖后取出卡扣，打开护罩。

④ 固定到底板：取出护罩中的固定底板，用螺丝将网络摄像机固定于底板上，同 3.2 节防护罩的安装。

⑤ 固定到护罩：将固定好的底板和网络摄像机安装到护罩内。

⑥ 盖上护罩：盖好护罩，以便安装到支架上。护罩向下轻压护罩盖后卡上卡扣，顺时针旋转 180°，扣紧拉环。

⑦ 固定支架：支持壁装支架、横杆装支架和吊装支架安装，如图 3-32 所示。

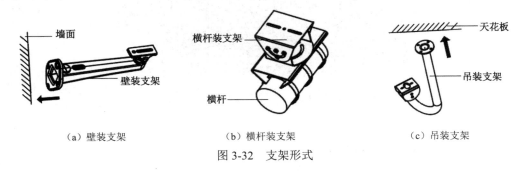

（a）壁装支架　　　　　　　（b）横杆装支架　　　　　　　（c）吊装支架

图 3-32　支架形式

⑧ 安装护罩：使用螺钉将装有枪式摄像机的护罩固定于支架上。如图 3-33 所示。

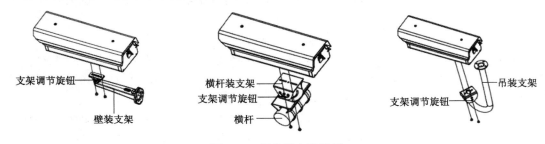

图 3-33　摄像机安装护罩

3．枪式摄像机调试说明

该款摄像机即支持网络模式，又支持模拟模式。不管哪种模式，在调试前应将网线、电源线、视频线等线缆连接好后从护罩的底部孔位处穿出。

1）模拟模式

安装摄像机完毕后，将摄像机的模拟视频输出接入监视器，调节摄像机镜头焦距并进行聚焦，也可通过支架调节螺母调整护罩垂直和水平方向的角度，达到需要的场景与图像效果即可。

2）网络模式

海康网络摄像机首次使用时需要进行激活并设置登录密码，才能正常登录和使用。

网络摄像机出厂初始信息如下。

IP 地址：192.168.1.64。

HTTP 端口：80。

管理用户：admin。

调试前工作：自制网线一根（交叉线）；用网线将枪机与计算机网口连接；将监视器与摄

像机视频输出连接；给摄像机供电，连上 12V DC，注意电源线的正负区别。用万用表测量电源线的正负极，发现白线接"+"端，黑线接"－"端。

（1）网页模式调试。按图 3-34 所示流程图对摄像机进行调试。

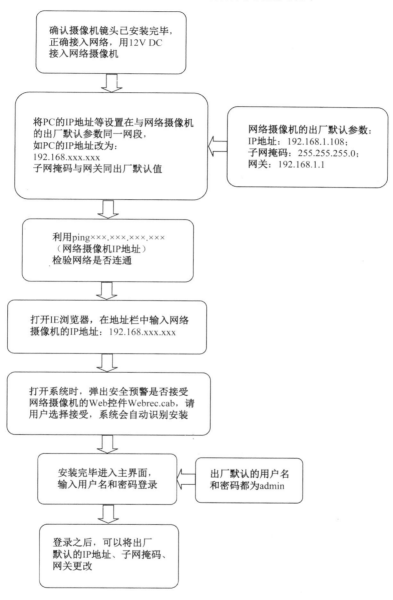

图 3-34　网络摄像机调试流程图

（2）通过软件模式。

① 打开客户端软件 。

② 登录系统用户名为 admin，密码为 123456，如图 3-35 所示。

③ 显示在线设备，如图 3-36 所示。

④ 修改参数，如图 3-37 所示。

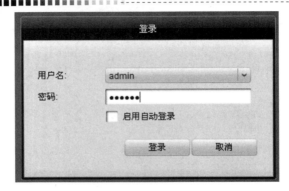

图 3-35　登录界面

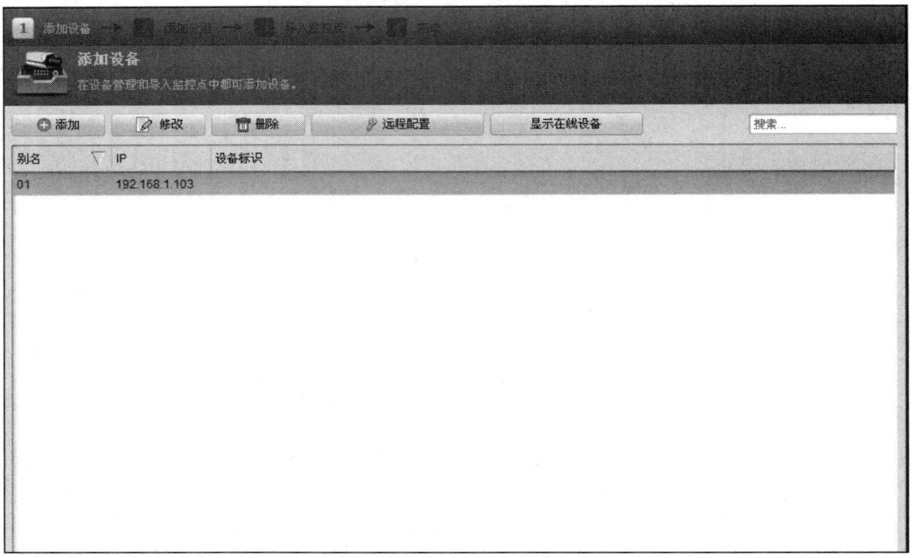

图 3-36　操作窗口

图 3-37　修改参数

⑤ 通过导入监控点的方式，将监控画面导入。调节摄像机达到需要的场景与图像效果即可。

3.4.2　枪式摄像机施工与调试实训

1.设备、器材

枪式摄像机 DS-2CD4012F-SDI 1 台，监视器 1 台、直流 12V 电源 1 个、视频线若干、网线若干、电源线 1 根、工具包 1 套、万用表 1 个。

2．枪式摄像机施工与调试实训引导文

1）实训目的

（1）通过枪式摄像机的安装施工过程，能够按工程设计及工艺要求正确检测、安装和连线。

（2）对设备的安装质量进行检查。

（3）使用监视器获得理想的图像效果与监视角度。

（4）编写施工与调试说明书（注明安装注意事项）。

2）必备知识点

（1）掌握枪式摄像机的工作原理。

（2）掌握枪式摄像机的安装方式。

（3）会使用枪式摄像机实现模拟图像传输。

（4）会使用枪式摄像机的网络传输图像功能。

3）施工说明

（1）施工前的准备。

① 应检查安装位置。

a. 检查摄像机安装位置的现场情况，安装地点应有容纳摄像机及其安装构件的足够空间。

b. 检查安装位置的建筑结构及支架的承受能力，确认安装摄像机的墙壁、支架具有能够支持摄像机及其安装构件 4 倍总质量的承载能力。

② 画出模拟与网络功能构成的系统图。

③ 对摄像机的外观进行检查，确认外观应完好、无脱漆、无挤压变形。

（2）施工与调试。

① 采用墙壁式或护罩式安装于指定位置。

② 完成摄像机的镜头的安装。

③ 完成摄像机的视频线、电源线与网线的连接。

④ 完成监视器的连接。

⑤ 完成摄像机与计算机或路由器的连接。

⑥ 使用监视器或计算机软件获得较理想的图像。

4）施工注意事项

（1）摄像机安装时，尽量安装在固定的地方，摄像机的防抖功能和算法，能对摄像机抖动进行一定程度的补偿，但是过大的晃动还是会影响到检测的准确性。

（2）在未开启宽动态的功能下，摄像机视场内尽量不要出现天空等逆光场景。

（3）为了让目标更加稳定和准确，建议实际场景中目标尺寸在场景尺寸的 50%以下，实

际高度在场景高度10%以上。

（4）尽量避免玻璃、地砖、湖面等反光的场景。

（5）尽量避免狭小或是过多遮蔽的监控现场。

（6）在白天和夜间环境下，摄像机成像质量清晰、对比度好，如果夜间光线不足，需要对场景进行补光，保证目标会通过照亮的区域。

3. 任务步骤

1）模拟功能

（1）制作一根视频线。

（2）将摄像机的视频输出用视频线接入监视器。

（3）使用监视器查看监控效果，必要时对摄像机进行调整。

2）网络功能

（1）准备网线一根。用网线将网络摄像机与计算机网口或路由器直接连接。

（2）摄像机接上电源。

（3）使用IE方式或采用Ivms-4200软件客户端查找在线设备，找出该设备网址。

注意：①若不知道摄像机IP地址，可使用复位功能将其复位，恢复成默认IP地址；②使用IE访问该网址，注意一定要将计算机的IP地址设置成同摄像机同一网段。

（4）根据需要，修改摄像机的IP地址。

执行【网络】→【TCP/IP】命令，设置新的IP地址，单击【保存】按钮。

（5）使用Ivms-4200客户端软件，加入新的监控点。

执行【设备管理】→【添加设备】→【导入监控点】命令，从而完成视频导入。

（6）完成一次录像与抓图。

（7）完成录像文件查找与播放。

（8）通过路由器经局域网完成不同实训台间设备的访问。

（9）编写施工与调试说明书。

3.5 模拟智能球机的施工与调试

1. 球形摄像机整体构造

球形摄像机一般由以下几部分组成，如图3-38所示。

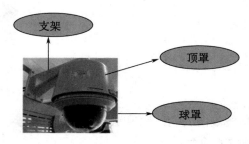

图3-38 球形摄像机整体构造图

（1）安装支架。安装支架承重整个球形摄像机，是连接和固定摄像机的支撑架，多为金属结构。一般分为侧面安装和垂直安装两种方式。

（2）全天候防护顶罩。防护顶罩内固定有摄像机吊架，用于固定摄像机，防护顶罩一般为金属或ABS工程塑料材质，具有防水、防酸雨、耐高温、抗腐蚀的作用，是球形摄像机主要部件的防护伞。

（3）半球罩。半球罩是个半球形状的罩子，安装于防护顶罩的下部，一般为耐用的全景不变形亚加力材料构成，采光率高、透明度好、透视景物不变形、不失真。它是保护摄像机的眼睛。

（4）摄像机吊架。摄像机吊架一般为金属材料构成，用于固定摄像机，吊架上面同时附有内置云台和解码器。

（5）一体化摄像机、内置云台、内置解码器（机芯）。

解码器的功能主要是供给摄像机工作所需的电源，并通过控制信号实现控制云台上、下、左、右转动，以及摄像机的镜头实现变倍、聚焦、光圈变化的功能。解码器一般分为外置解码器和内置解码器两种。

云台的作用是根据解码器输出的控制信号，利用云台电机的水平或垂直的转动，从而实现调整摄像机镜头位置的控制。

（6）视频信号线接口。

（7）电源线、控制信号线接口。

2．模拟智能球机安装方式

模拟智能球机可分为室外和室内使用两种，其安装方式一般有立柱安装、壁装、吊装等方式，其安装示意图如图 3-39 所示。

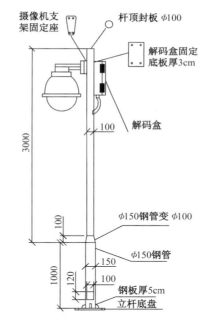

（a）球形摄像机立柱安装方法

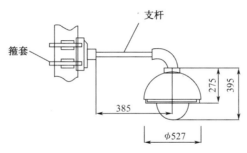

（b）球形摄像机杆装方法

图 3-39　球形摄像机安装示意图

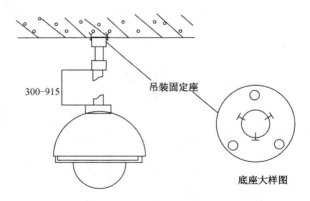

（c）球形摄像机吊装方法

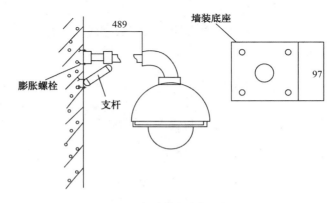

（d）球形摄像机壁装方法

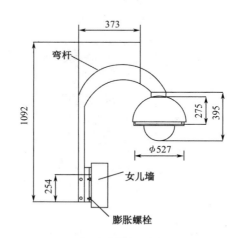

（e）球形摄像机弯杆安装方法

图 3-39　球形摄像机安装示意图（续）

3．模拟智能球机传输的信号

模拟智能球机传输的信号主要分为视频信号、控制信号，有的球机还带有音频信号的传输。模拟智能球机的视频信号一般采用 BNC 接口，由同轴电缆实现传输，控制信号采用 RS485 总线。模拟智能球机的电源采用 220V AC 经变压器产生 24V AC 供电。

3.5.1 模拟智能球机施工与调试方法

1. 模拟智能球机接口

下面以大华的 DH-SD4150-H 中速智能球形摄像机为例介绍球机接口。打开球机半球罩，拆下机芯，查看其接口，如图 3-40 所示。

图 3-40　球机接口

在对球机进行控制前，必须先设置球机所使用的通信协议、通信波特率、地址代码，在完成这些设置后，球机才会响应对其的控制命令。具体操作：拿出球机机芯，可看见主板上的拨码开关，可按下面的方法设置球机通信协议、通信波特率、地址代码等。相关信息重新设置后，必须先将球机断电再重新接电后，新的设置才生效。

（1）通信协议设置。如图 3-41 所示，1～8 位拨码号中的 1～2 位为协议类型设置位；3～4 位为波特率设置位；5～6 位为奇偶校验设置位；第 7 位为预留位；第 8 位为 120Ω 匹配电阻设置位，ON 为连接 120Ω 匹配电阻 3002 通信协议、通信波特率、奇偶校验设置如表 3-8 所示。

通信协议		通信波特率		奇偶校验			120Ω
1	2	3	4	5	6	7	8

图 3-41　球机通信协议、通信波特率等标签示意图

表 3-8　通信协议设置

1	2	通 信 协 议
OFF	OFF	DH-SD
ON	OFF	PELCO-D
OFF	ON	PELCO-P
X	X	保留

（2）通信波特率和奇偶校验设置，如表 3-9 和表 3-10 所示。

表 3-9　通信波特率设置

3	4	波 特 率
OFF	OFF	9600bps
ON	OFF	4800bps
OFF	ON	2400bps
ON	ON	1200bps

表 3-10　奇偶校验设置

5	6	奇偶校验
OFF	OFF	NONE（无校验）
ON	OFF	EVEN（校验）
OFF	ON	ODD（奇校验）
ON	ON	NONE（无校验）

（3）地址代码设置。球机利用拨码开关设置地址代码，编码方式采用二进制编码。如图 3-42 所示，1～8 位为有效位，最高地址位为 255 位，地址位设置方法如表 3-11 所示。

地 址 代 码							
1	2	3	4	5	6	7	8

图 3-42　球机地址代码标签示意图

表 3-11　地址位设置

地址	1	2	3	4	5	6	7	8
1	ON	OFF	OFF	OFF	OFF	OFF	OFF	OFF
2	OFF	ON	OFF	OFF	OFF	OFF	OFF	OFF
3	ON	ON	OFF	OFF	OFF	OFF	OFF	OFF
4	OFF	OFF	ON	OFF	OFF	OFF	OFF	OFF
5	ON	OFF	ON	OFF	OFF	OFF	OFF	OFF
6	OFF	ON	ON	OFF	OFF	OFF	OFF	OFF
7	ON	ON	ON	OFF	OFF	OFF	OFF	OFF
8	OFF	OFF	OFF	ON	OFF	OFF	OFF	OFF
...	...	...	...	...	...	...	...	...
254	OFF	ON	ON	ON	ON	ON	ON	ON
255	ON	ON	ON	ON	ON	ON	ON	ON

2．模拟智能球机施工与调试

（1）模拟智能球机施工。模拟智能球机安装方法很多，下面以常见的壁挂式为例进行介绍。

① 根据支架安装孔位钻孔。将壁装支架从包装箱拿出，依据支架的 4 个安装孔为模板，在墙壁上画出打孔位置。如图 3-43 和图 3-44 所示，用钻头在打孔位置开出 4 个膨胀螺钉的安装孔，并装入 4 颗 M8 膨胀螺钉。

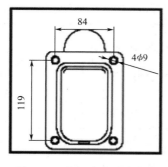

图 3-43　支架安装孔定位图

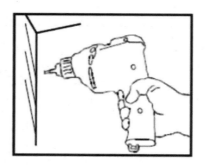

图 3-44　打孔

② 安装壁挂支架，如图3-45所示，将电源线、控制线及视频组合线缆从支架引出，将壁挂支架固定在墙面上。

③ 安装外罩组件，如图3-46所示，将组合线缆从球罩中穿出，并将外罩组件通过螺纹与支架连接。

注意：为了防水，必须在连接法兰的螺纹上缠绕防水生料带，同时，用锁紧螺钉将支架和连接法兰锁紧，防止球机松动。

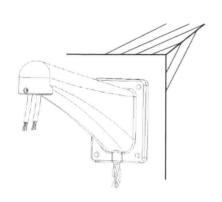

图3-45　安装壁挂支架

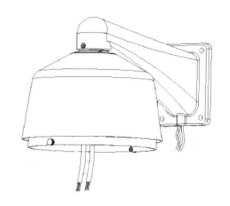

图3-46　安装外罩组件

④ 设置拨码开关。按要求设置通信协议、通信波特率、地址代码。

⑤ 线缆连接。按要求连接线缆。

⑥ 安装球机机芯。将线缆连接好，设置好拨码地址以后，将两个绿色插头与机芯主板插座连接，用手托住黑色球罩，将机芯沿导向轨推入，通过机芯上的两个卡扣与球罩三脚支架上的塑料倒扣将机芯固定好。为了确保机芯安装到位，可以用手往下拉黑色罩子，确认机芯不脱落，如图3-47所示。

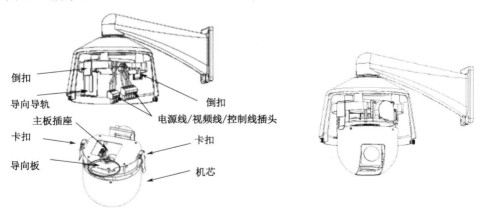

图3-47　机芯安装

⑦ 安装透明球罩。在安装透明球罩之前，将附带的润滑脂，给托架上的O形密封圈涂上润滑脂，然后将钢丝保险绳上的挂钩与托架上的固定端子连接好，根据球罩上的两颗压铆用手拧松不脱螺钉的位置，调整托架，使托架上的两个U形圆弧槽中心与螺钉的位置大致对齐，双手将托架推入，最后，将两颗螺钉拧紧，这样球机就安装好了，如图3-48所示。

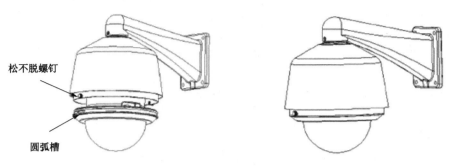

松不脱螺钉

圆弧槽

图 3-48　透明球罩固定示意图

（2）模拟智能球机调试。模拟智能球机的调试可以通过硬盘录像机或图像测试仪。具体方法如下。

① 设置好球机的地址代码、通信波特率与通信协议。

② 接电，查看是否能完成自检。

③ 在 DVR 菜单或图像测试仪中进行相应的设置，详细设置执行【菜单】→【系统设置】→【云台设置】命令，如图 3-49 所示。

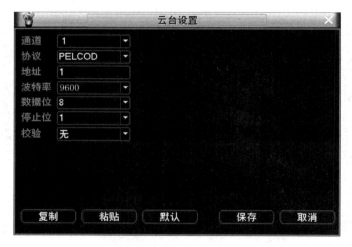

图 3-49　云台设置界面

【通道】选择球形摄像机接入的通道。

【协议】选择相应品牌型号的球机协议（如 PELCOD）。

【地址】设置为相应的球机地址，默认为"1"（**注意：此处的地址务必与球机的地址相一致，否则无法控制球机**）。

【波特率】选择相应球机所用的波特率，可对相应通道的云台及摄像机进行控制，默认为"9600"。

【数据位】默认为"8"。

【停止位】默认为"1"。

【校验】默认为无。

保存设置。

④ 对球机进行控制

选择【云台控制】选项弹出如图 3-50 所示的界面，按功能键进行球机控制调试。

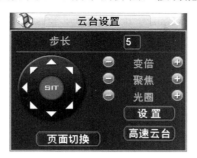

图 3-50　云台设置界面

3.5.2　模拟智能球机施工与调试实训

1．设备、器材

大华室外中速智能球机 DH-SD4150-H 1 台、电源线 1 根、（变压器）交流 24V 电源 1 个、监视器 1 台、视频线若干、控制线若干、工具包 1 套。

2．模拟智能球机施工与调试实训引导文

1）实训目的

（1）通过模拟球机的安装施工过程，能够按工程设计及工艺要求正确检测、安装和连线。

（2）对设备的安装质量进行检查。

（3）使用硬盘录像机对球机进行控制。

（4）编写施工与调试说明书（注明安装注意事项）。

2）必备知识点

（1）掌握球机的结构。

（2）掌握球机内部的接口及其作用。

（3）会设置模拟球机的地址代码、通信波特率与协议。

（4）会使用硬盘录像机或图像测试仪对球机进行控制。

（5）会使用硬盘录像机、球机、监视器组建小型的视频监控系统。

3）施工说明

（1）施工前的准备

① 应检查安装位置。

a．检查摄像机安装位置的现场情况，安装地点应有容纳摄像机及其安装构件的足够空间。

b．检查安装位置的建筑结构及支架的承受能力，确认安装摄像机的墙壁、支架具有能够支持摄像机及其安装构件 4 倍总质量的承载能力。

② 画出监控系统的连接图。

③ 对球机的外观进行检查，确认外观应完好、无脱漆、无挤压变形。

（2）施工与调试。

① 将球机采用壁挂式安装于指定位置。

② 完成球机的视频线、电源线与控制线的连接。

③ 完成监视器、硬盘录像机的连接。

④ 设置球机与硬盘录像机。

⑤ 使用硬盘录像机实现对球机的控制与图像的显示与记录。

4）施工注意事项

（1）注意保管随机附带的使用手册等。

（2）安装机芯等切勿触碰镜头，清洁镜头应使用镜头纸。

（3）安装完毕后，务必取下镜头保护盖等，以免影响图像质量。

3．任务步骤

（1）使用球机与硬盘录像机、监视器等构成监控系统，并画出原理图。

（2）列出所需工具和器材。

（3）领取实验器材。

（4）将模拟智能球机安装于指定位置。

（5）设置球机与硬盘录像机的参数。

（6）使用硬盘录像机对球机进行控制与图像显示记录。

（7）按表 3-12 所示的要求对球机进行控制，并完成下表。

表 3-12　设置球机的任务步骤

序　号	操 作 任 务	操作步骤	注意事项
1	设置球机地址代码为"35"		
2	设置通信波特率为"2400"		
3	设置通信协议为"PELCO.D"		
4	对球机进行自检		
5	完成球机与 DVR 的连接		
6	设置 DVR		
7	通过 DVR 控制球机进行上、下、左、右旋转		
8	对球机进行水平扫描操作		
9	对球机进行线扫设置		
10	完成一次手动录像，录像查询并回放		

（8）编写施工与调试说明书。

3.6　网络智能球机的施工与调试

3.6.1　网络智能球机施工与调试方法

1．网络智能球机接口

本文以海康网络智能球机为例进行介绍，该款球机集网络与模拟功能于一体，既可实现网络功能，又可作为模拟摄像机使用，其接口主要有视频、网口、电源 RS485、报警等，如图 3-51 所示。

图 3-51　球机接口

2．网络智能球机施工方法

（1）安装设备支架。采用壁挂式的方法安装球机支架，根据支架安装孔位钻孔，完成安装，如图 3-52 所示。

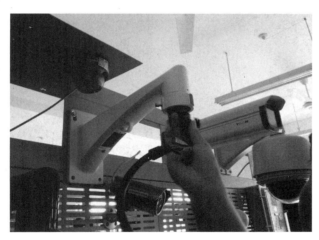

图 3-52　安装支架

（2）打开球机外包装，检查球机外观。

（3）拿出球机，拧开两边螺丝，打开透明罩。取出防震泡沫和镜头保护盖、镜头固定胶带，如图 3-53 所示。

图 3-53　拆开球机

（4）取出安装用的套头。绕上保护层后，拧在安装支架处，如图3-54所示。

图3-54　安装配件

（5）打开球机支架下方的穿线孔，将球机的线缆穿好后，将球机机体安装在支架上，如图3-55所示。

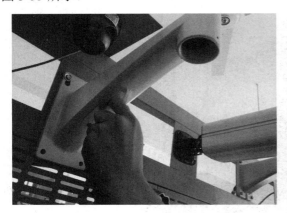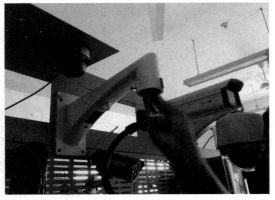

图3-55　穿线缆

（6）球机平面朝前，放入球机后旋转半圈后完成球机的安装，将两个固定螺丝拧紧，完成安装，如图3-56所示。

图3-56　球机安装

（7）查看设备接线。有视频、网口、电源、RS485、报警等接线，完成电源线的连接。

3. 网络智能球机设置与调试

（1）网络功能使用。该款球机集网络与模拟功能于一体，若是使用其网络摄像机功能，则将该摄像机接入计算机，使用计算机中安装的海康客户端软件查找设备地址，对其 IP 地址进行修改，使其接入局域网或外网即可。

海康网络智能摄像机出厂默认 IP 地址为 192.0.0.64，默认端口为 8000，超级用户为 admin，超级密码为 123456。

（2）模拟功能。若使用该款摄像机的模拟功能，则还是使用网线将其接入计算机，使用海康客户端软件查找到该设备的 IP 地址，而后使用 IE 访问该设备，修改其通信波特率、地址代码、通信协议等，而后通过 485 总线实现硬盘录像机对其控制。

3.6.2　网络智能球机施工与调试实训

1. 设备、器材

海康室外中速网络智能球机 DH-SD4150 1 台、电源线 1 根、（变压器）交流 24V 电源 1 个、监视器 1 台、视频线若干、控制线若干、工具包 1 套、网线 2 根、海康客户端软件 1 套。

2. 网络智能球机施工与调试实训引导文

1）实训目的

（1）通过网络智能球机的安装施工过程，能够按工程设计及工艺要求正确检测、安装和连线。

（2）对设备的安装质量进行检查。

（3）使用计算机上的客户端软件对球机进行控制。

（4）编写施工与调试说明书（注明安装注意事项）。

2）必备知识点

（1）掌握网络智能球机的接口。

（2）会查找网络智能球机的 IP 地址，并修改 IP 地址。

（3）会设置球机的地址代码、通信波特率与通信协议。

（4）会使用客户端软件对球机进行控制。

3）施工说明

（1）施工前的准备。

检查摄像机安装位置的现场情况，安装地点应有容纳摄像机及其安装构件的足够空间。检查安装位置的建筑结构及支架的承受能力，确认安装摄像机的墙壁、支架具有能够支持摄像机及其安装构件 4 倍总质量的承载能力。

（2）施工与调试。

① 将球机采用壁挂式安装于指定位置。

② 完成球机的电源线与网线的连接。

③ 设置球机 IP 地址，将其接入局域网内。

④ 使用计算机实现对球机的控制、图像的显示与记录。

4）施工注意事项

（1）注意保管随机附带的使用手册等。

（2）安装机芯等切勿触碰镜头，清洁镜头应使用镜头纸。

（3）安装完毕后，务必取下镜头保护盖等，以免影响图像质量。

3. 任务步骤

（1）按照引导文熟悉实训内容。

（2）按要求使用该摄像机的网络功能实现表 3-13 所示的实训操作。

表 3-13　实训表

序　号	操 作 内 容	操 作 步 骤
1	完成球机上、下、左、右控制	
2	完成花样扫描	
3	完成循迹	
4	设置并调用预置点	
5	完成动态监测功能设置	
6	完成录像，并查找录像	

（3）使用模拟功能。

通过网线，使客户端获得该摄像机的 IP 地址，使用 IE 访问该设备，修改其通信波特率、地址代码、通信协议等。

连接视频模拟输出端至硬盘录像机。连接 DVR 的 RS485 至球机 RS485 处。设置 DVR 的通道。通过 DVR 控制球机工作，完成表 3-14 的实训操作。

表 3-14　实训表

序号	操作内容	操作步骤
1	完成水平扫描	
2	完成循迹	
3	完成录像，并查找录像	

3.7　无线网络摄像机的施工与调试

无线网络摄像机可以被看作是由摄像头和计算机共同构成的嵌入式智能视频单元，使用者能够通过 IE 浏览器、网络客户端软件或智能手机等方式实现远程监控。无线网络摄像机一般有有线和无线两个网卡，利用有线网卡实现对无线功能的设置。

3.7.1　无线网络摄像机施工与调试方法

1. 无线网络摄像机接口

本节以海康 C1 系列的无线网络摄像机为例介绍其接口。打开摄像机底座的盖，露出接线部分，仅有电源端与网口，如图 3-57 所示。

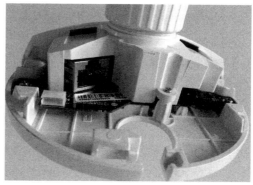

图 3-57　无线网络摄像机接口

2．无线网络摄像机施工方法

（1）安装贴纸：撕下安装贴纸，贴到选定位置。

（2）取下底座盖：将摄像机底座右滑盖打开。

（3）安装底座：对准安装贴纸上的安装孔位钻孔，将螺丝包中的 3 个膨胀螺丝推入已经钻好的孔内，然后将底座对准安装贴纸，推入 3 个螺丝并拧好，底座安装完成，如图 3-58 所示。

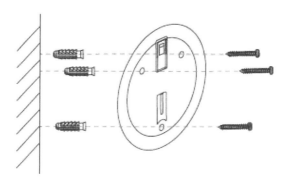

图 3-58　底座安装示意图

（4）安装摄像机：将设备机身对准底座卡扣位置扣紧，并调整镜头位置，连接好 USB 数据线，完成安装。

（5）连接线路：连接好网线与电源线，并从出线导出线路，如需要测出线，可从底座缺口走线，如图 3-59 所示。

电源插座

USB数据线

图 3-59　网线连接

（6）完成安装：重新装上底座盖，完成安装。

（7）如不需安装在天花板，可直接将摄像机的底座放置在桌面上即可。

3．无线网络摄像机调试说明

C1无线网络摄像机的调试主要是通过外网或局域网两种。

（1）外网方式。可通过网页端和海康APP调试该设备。在浏览器中输入yun.ys7.com，进入萤石云，注册账号，登录后单击【添加设备】将摄像机添加进网络。具体操作如下。

① 单击【马上添加】按钮，如图3-60所示。

图3-60　添加设备

② 选择摄像机型号，如图3-61所示。

图3-61　选择型号

③ 按照下面提示完成连接，如图3-62所示。

④ 通过网络自动查询设备，如图3-63所示。

⑤ 单击图3-63中的【+】图标添加设备，同时输入摄像机后面自带的验证码，如图3-64所示。

⑥ 添加成功，单击【设置Wi-Fi】按钮设置无线功能，如图3-65所示。

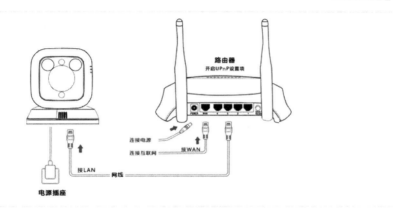

图 3-62　网络连接

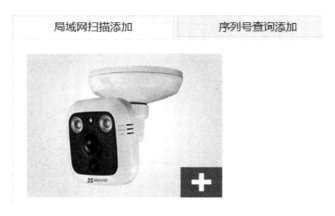

图 3-63　查询设备

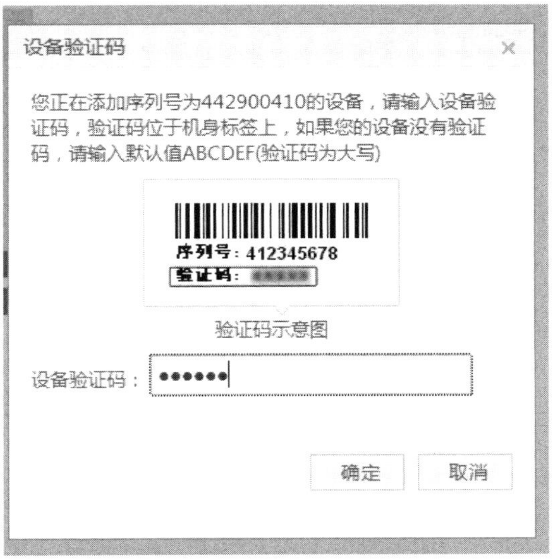

设备验证码　×

您正在添加序列号为442900410的设备，请输入设备验证码，验证码位于机身标签上，如果您的设备没有验证码，请输入默认值ABCDEF(验证码为大写)

序列号：412345678
验证码：●●●●●●

验证码示意图

设备验证码：●●●●●●

确定　取消

图 3-64　输入验证码

图 3-65　添加成功

⑦ 选择无线网络，如图 3-66 所示。

图 3-66　设置无线网络

⑧ 输入无线网络密码，如图 3-67 所示。

图 3-67　输入无线网络密码

⑨ 完成无线网络连接后，获取视频图像。

（2）局域网方式。

① 用网线将无线网络摄像机与计算机网口直接连接。

② 摄像机接上电源，用 USB 口供电或通过变压器供电均可。

③ 使用 Ivms-4200 客户端软件查找在线设备，找出该设备网址，或者使用复位功能将其复位，恢复成默认 IP 地址。

④ 使用 IE 访问该网址（注意一定要将计算机的 IP 地址设置成同摄像机同一网段）。

⑤ 找到【配置】选项。

⑥ 执行【网络】→【TCP/IP】→【Wlan】命令，取消自动获取功能，设置新的 IP 地址，单击【保存】按钮。

⑦ 执行【高级配置】→【网络】→【Wi-Fi】命令，找到无线路由器，加入其中一个后保存。

⑧ 拔下网线，将计算机接入局域网。

⑨ 使用新的无线网址访问摄像机，获取图像。

⑩ 使用 Ivms-4200 客户端软件，加入新的监控点。

⑪ 在菜单下执行【设备管理】→【添加设备】→【导入监控点】命令，完成视频导入。

3.7.2　无线网络摄像机施工与调试实训

1．设备、器材

海康 C1 无线网络摄像机 1 台、监视器 1 台、直流 12V 电源 1 个、视频线若干、控制线若干、电源线 1 根、网线 1 根、工具包 1 套。

2．无线网络摄像机施工与调试实训引导文

1）实训目的

（1）通过无线网络摄像机的施工与调试过程，能够按工程设计及工艺要求正确检测、安装和连线。

（2）对设备的安装质量进行检查。

（3）会设置摄像机的无线网络连接。

（4）编写调试说明书。

2）必备知识点

（1）掌握无线网络摄像机的复位功能。

（2）会查找无线网络摄像机的 IP 地址，并修改 IP 地址。

（3）会将无线网络摄像机接入局域网内。

（4）会查询历史视频资料。

3）施工说明

（1）施工前的准备。

检查摄像机安装位置的现场情况，应没有遮挡视线的障碍物，检查摄像机外观，无瑕疵、划痕等。

（2）施工与调试。

① 将无线网络摄像机安装于指定位置。

② 完成电源线与网线的连接。

③ 设置其无线网络连接，将其接入局域网内。

④ 使用计算机客户端软件实现图像的显示、记录与查询。

4）施工注意事项

（1）注意保管随机附带的使用手册等。

（2）切勿触碰镜头，清洁镜头应使用镜头纸。

（3）安装完毕后，务必取下镜头保护盖等，以免影响图像质量。

3. 任务步骤

（1）准备网线一根。用网线将无线网络摄像机与计算机网口直接连接。

（2）摄像机接上电源，用 USB 口供电或通过变压器供电均可。

（3）使用 Ivms-4200 客户端软件查找在线设备，找出该设备网址，或者使用复位功能将其复位，恢复成默认 IP 地址。

（4）使用 IE 访问该网址。找到【配置】选项（注意一定要将计算机的 IP 地址设置成同摄像机同一网段）。

（5）执行【网络】→【TCP/IP】→【Wlan】命令，取消自动获取功能，设置新的 IP 地址，单击【保存】按钮。

（6）执行【高级配置】→【网络】→【Wi-Fi】命令，找到无线路由器，加入其中一个后保存。

（7）拔下网线，将计算机接入局域网。

（8）使用新的无线网址访问摄像机，获取图像。

（9）使用 Ivms-4200 客户端软件，加入新的监控点。方法是在软件中执行【设备管理】→【添加设备】→【导入监控点】命令完成视频导入。

（10）完成一次录像与抓图。

（11）完成录像文件查找与播放。

（12）完成实训台之间不同设备的方位。

（13）编制调试说明书。

3.8　监控中心设备的施工与调试

监控中心设备是整个监控系统的核心，系统的各项功能均由控制部分的各种设备集成后实现。对视频、音频、数据、报警等各种信号，进行各种方式的控制、操作、处理、整合以符合系统设计要求。

监控中心设备主要包括机柜、机架、控制台、监视器、硬盘录像机、画面分割器、矩阵切换器、控制键盘、视频分配器、时序切换器等，如图 3-68 所示。

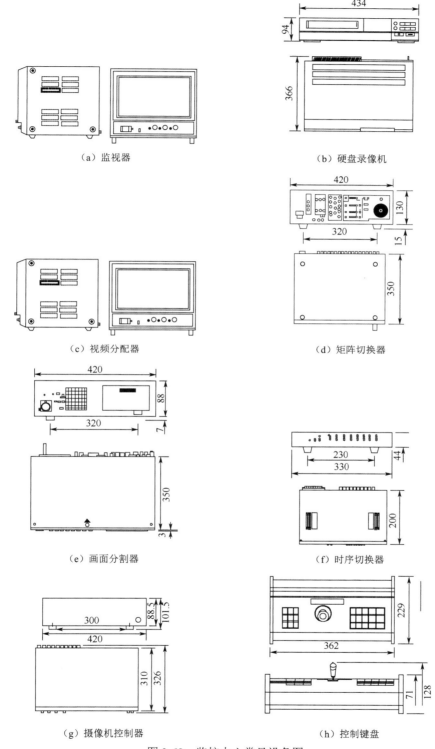

（a）监视器　　　　　　　（b）硬盘录像机

（c）视频分配器　　　　　　（d）矩阵切换器

（e）画面分割器　　　　　　（f）时序切换器

（g）摄像机控制器　　　　　（h）控制键盘

图 3-68　监控中心常见设备图

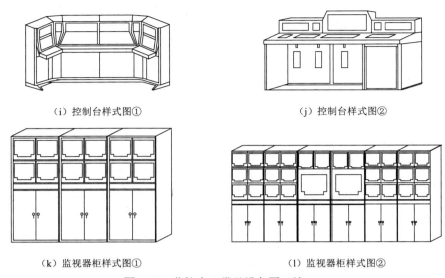

（i）控制台样式图①　　　　　　　　　　　　（j）控制台样式图②

（k）监视器柜样式图①　　　　　　　　　　　　（l）监视器柜样式图②

图 3-68　监控中心常见设备图（续）

3.8.1　监控中心设备的施工

1. 设备在机柜上的安装

设备在机柜上的安装流程：取下设备底部的橡胶垫脚，然后把机柜安装角铁装在设备两侧，用自备的 4 个螺丝把设备安装在机柜上即可，如图 3-69 所示。

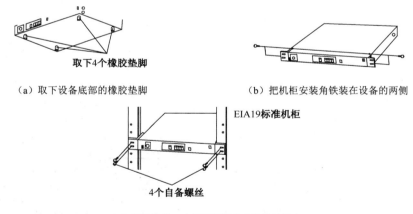

取下4个橡胶垫脚

（a）取下设备底部的橡胶垫脚　　　　　　（b）把机柜安装角铁装在设备的两侧

EIA19标准机柜

4个自备螺丝

（c）用自备的 4 个螺丝把设备安装载机柜上

图 3-69　设备在机柜上的安装流程

2. 控制键盘在机柜的安装

控制键盘在机柜上的安装方法如图 3-70 所示。

（1）确定视频键盘安装位置。根据设备布置图及业主的要求，确定键盘的安装位置。键盘可安装在控制台台面上或直接放置在控制台台板上，具体安装方式以方便值班人员操作为原则。

（2）键盘安装步骤。

① 若视频键盘是标准 19 英寸规格，先用螺钉旋具分别将键盘两侧的安装螺钉取下，取出随机安装配件中的两个挂耳，将挂耳侧面安装孔与键盘侧面的安装孔对正，用拆下的螺钉分别将两侧的挂耳紧固在键盘上。

② 将视频键盘从控制台台面正面推入，使键盘挂耳与控制台机架安装面贴平，调平找正后，用适宜的螺钉将机箱挂耳与设备机架紧固连接。

③ 若视频键盘是非标准 19 英寸规格，先在控制台机架上安装支架或托板，然后将视频键盘固定在支架或托板上，调整键盘倾斜角度和露出台面的高度，使安装后视频键盘与控制台整体美观协调、方便使用。

④ 根据使用需要，视频键盘也可直接放置在控制台台板上。

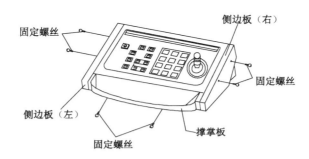

（a）取下 4 个固定螺丝，拆开装置的两侧边板；取下 2 个固定螺丝，拆开撑掌板

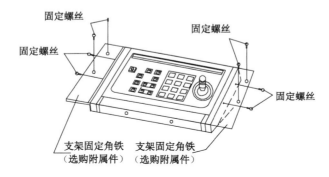

（b）用刚才取下的 2 个固定螺丝，将支架固定角铁安装在装置的两侧；将此装置固定在 EIA 标准 19 英寸支架上

图 3-70   控制键盘在机柜上的安装方法

3. 控制台安装方法

系统运行控制和操作宜在控制台上进行，控制台的安装应使其操作方便、灵活。安装时，控制台装机容量应根据工程需要留有扩展余地。根据技术规范要求，控制台正面与墙的净距不应小于 1.2m；侧面与墙或其他设备的净距，在主要走道不应小于 1.5m，次要走道不应小于 0.8m；机架背面和侧面距离墙的净距不应小于 0.8m。设备及基础、活动地板支柱要做接地连接。一般安装模型如图 3-71 所示。

监控中心机房通常敷设活动地板，在地板敷设时配合完成控制台的安装，电缆可通过地板下的金属线槽引入控制台。

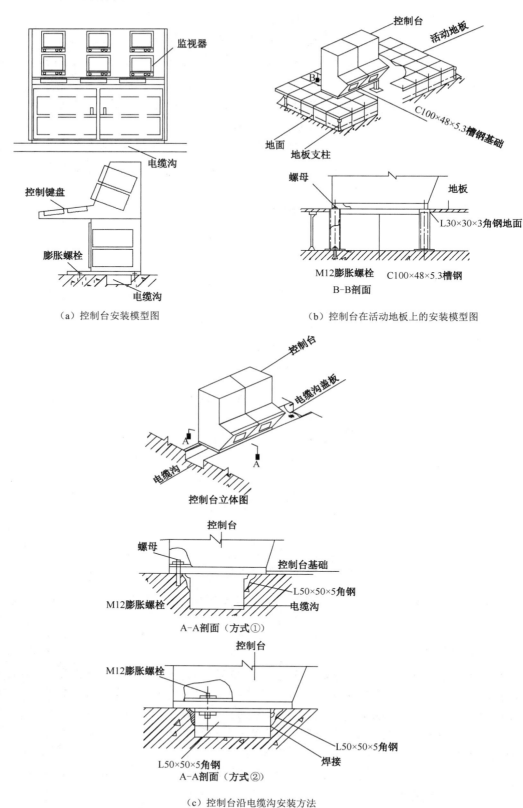

（a）控制台安装模型图

（b）控制台在活动地板上的安装模型图

（c）控制台沿电缆沟安装方法

图3-71　控制台的安装示意图

4．机架的安装方法

机架在活动板上安装时，可选用 L50×50×5 角钢制作机架支架，几台机架成排安装时应制作连体支架。支架与活动地板应相互配合进行施工。

机架安装应竖直平稳，垂直偏差不得超过 1%，几台机架并排在一起，面板应在同一平面上并与基准线平行，前后偏差不得大于 3mm；两台机架中间缝隙不得大于 3mm。对于相互有一定间隔而排成一列设备，其面板前后偏差不得大于 5mm；机架内的设备应在机架安装好后进行安装。

机架进出线可采用活动地板下敷设金属线槽方式，机架外壳需要做接地连接。常见机架规格图如图 3-72 所示，安装图如图 3-73 所示。

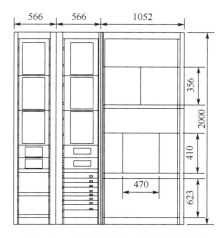

图 3-72　常见监控中心机架规格图

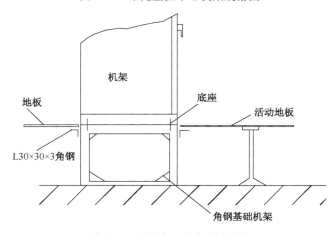

图 3-73 监控中心机架安装图

5．机柜式电视墙的安装

1）确定电视墙安装位置

（1）根据监控中心房间结构/面积、机柜数量和布局及业主的要求，确定电视墙的安装位置，尽可能布置合理、方便使用，并满足安全、消防的规范要求。

（2）电视墙的安装位置应使屏幕不受外来光源直射，当有不可避免直射光时应采取适当的遮光措施。

（3）电视墙机架背面和侧面与墙的净距离不应小于 0.8m。

（4）显示设备的维护在正面即可完成时，机柜、机架可以贴墙安装，但应考虑采取有利于设备散热的措施。

（5）电视墙机柜中心线应与控制台机柜中心保持一致，并根据监控中心房间结构/面积、电视墙机柜数量和布局合理，确定电视墙与控制台的间距，以满足操作/值班人员能够完整查看全部显示画面为原则，可视实际情况适当调整，但不应小于 1.6m。

2）划定安装基准线及固定孔位

根据拟定的电视墙安装位置，在地面上画出安装基准线（通常以机架底座中心线为安装基准线），并按照基准线位置标记底座各固定孔位。若是地板安装，则用吸盘将拟定安装位置已铺设好的防静电地板打开，取下地板支脚和托架，放置在不影响安装操作的地方妥善保管。

根据拟定的电视墙安装位置，在地面上画出安装基准线（通常以机架底座中心线为安装基准线）。

3）敷设线缆管槽

根据监控中心主控设备、电源装置安装位置，将控制、显示、电源线缆管槽敷设至电视墙进线口。

4）安装电视墙机架

（1）用 $\phi12$ 的冲击钻钻头在标定的安装孔位打安装孔。

（2）将 $\phi8$ 的膨胀螺栓塞入打好的安装孔，使膨胀螺栓管与地面平齐。

（3）将电视墙机架底座安装孔与已安装的膨胀螺栓对正，将螺栓插入底座安装孔。

（4）将水平尺贴紧在机架的水平或铅垂面上，调整机架位置及垂直度，将平垫与弹簧垫圈套入螺栓，一边旋紧螺母一边注意检查机架水平、垂直状态，发现偏差及时调整，直至旋紧全部固定螺母且与机架保持平直。

（5）同一基本尺寸和相同型式的机架组合拼装时，先用 M8 的螺钉（加平垫和弹簧垫圈）将机架紧固连接，各面板应在同一平面上并与基准线平行，平面度偏差不得大于 3mm（弧形、折角连接除外）；两个机架中间缝隙不得大于 3mm。对于相互有一定间隔而排成一列的设备，其面板前后偏差不应大于 5mm。

（6）机架安装应竖直平稳，垂直度偏差不应超过 1‰。

5）安装电视墙顶盖板

将顶盖板安装孔与机架顶部安装孔对正，用螺钉紧固在机架上。

6）安装电视墙侧挡板

将侧挡板用适宜的螺钉固定在机架上，或者将侧挡板一侧与机架卡接，另一侧用锁卡锁闭。

7）安装电视墙前面板

根据安装在电视墙上的设备布局，将相应的前面板用螺钉紧固在机架上。

8）恢复防静电地板

若是安装在静电地板上，则电视墙安装完成后，根据电视墙基座轮廓线调整防静电地板。将地板支脚放置在控制台基座外侧，将地板托架连接好并调整平直，用砂轮锯或曲线锯按照所需尺寸切割地板。地板切口应整齐，并与控制台基座贴齐。

6．安装壁挂式电视墙

1）检查电视墙安装墙面

检查电视墙安装位置的现场情况，显示设备支架安装面应具有足够的强度。支架安装面强度较差而必须在该位置安装时，应采取适当的加固措施。

2）确定电视墙安装位置

（1）根据监控中心房间结构/面积、显示设备数量和布局及业主的要求，确定电视墙的安装位置，尽可能布置合理、方便使用，并满足安全、消防的规范要求。

（2）显示设备的安装位置应使屏幕不受外来光源直射，当有不可避免直射光时应采取适当的遮光措施。

（3）显示设备壁挂式安装时，应考虑采取有利于设备散热的措施。

（4）电视墙机柜中心线应与控制台机柜中心保持一致，并根据监控中心房间结构/面积、显示设备数量和布局合理确定电视墙与控制台的间距，以满足操作/值班人员能够完整查看全部显示画面为原则，可视实际情况适当调整，但不应小于1.6m。

3）划定安装基准线及固定孔位

根据拟定的电视墙安装位置，在安装面上画出安装基准线（通常以机架底座中心线为安装基准线）。

4）敷设线缆管槽

根据监控中心主控设备、电源装置安装位置，将控制、显示、电源线缆管槽敷设至电视墙进线位置。

5）安装显示设备支架

（1）将显示设备支架放置在安装位置，调整平直，用记号笔在地面上标记安装孔位。

（2）用$\phi 12$的冲击钻钻头在标定的安装孔位打安装孔。

（3）将$\phi 8$的膨胀螺栓塞入打好的安装孔，使膨胀螺栓管与地面平齐。

（4）将显示设备支架安装孔与已安装的膨胀螺栓对正，将螺栓插入底座安装孔。

（5）将水平尺贴紧在支架应为水平或铅垂面上，调整支架位置及垂直度，将平垫与弹簧垫圈套入螺栓，一边旋紧螺母一边注意检查机架水平、垂直状态，发现偏差及时调整，直至旋紧全部固定螺母且与机架保持平直。

（6）显示设备支架安装到位后，均应进行垂直调整，并从一端按顺序进行。支架安装应竖直平稳，垂直度偏差不应超过1‰。

（7）几个支架并排在一起时，支架与显示设备的安装面应在同一平面上，平面度偏差不得大于3mm。对于相互有一定间隔而排成一列的支架，其与显示设备的安装面板前后偏差不应大于5mm。

6）安装显示设备

（1）若安装的支架是可推拉式，将安装盘拉出，使显示设备背板安装孔与安装盘安装孔对正，用显示设备专用固定螺钉（加装平垫片和弹簧垫圈）紧固。

（2）若安装的支架是固定式，将显示设备专用螺钉拧在背板安装孔上（螺钉突出长度视安装盘厚度而定，略大于安装盘厚度即可），使显示设备背板螺钉与安装盘安装孔对正，将显示设备卡接在支架上。

（3）显示设备支架安装到位后，均应进行垂直调整，并从一端按顺序进行。显示设备安装应竖直平稳，垂直度偏差不应超过1‰。

（4）几个显示设备并排在一起时，显示设备的屏幕应在同一平面上，平面度偏差不得大于3mm。对于相互有一定间隔而排成一列的显示设备，其屏幕的平面度偏差不应大于5mm。

3.8.2 监控中心设备的施工与调试实训

1. 设备、器材

CRT 监视器 1 台、液晶监视器 1 台、SVR 网络存储录像机（磁盘阵列）1 台、管理服务器 2 台、网络解码器 1 台、报警主机 1 台、打印机 1 台、交换机 1 台、机柜 1 个、工具包 1 套、网线若干、摄像机 6 台。

2. 监控中心设备调试实训引导文

1）实训目的

（1）通过熟悉监控中心设备的施工与调试，能够按工程设计及工艺要求正确检测、安装和连线。

（2）对监控中心设备的安装质量进行检查。

（3）对监控中心设备进行调试。

（4）编写调试说明书。

2）必备知识点

（1）掌握监控中心的主要设备。

（2）掌握监控中心软件的使用。

（3）掌握监控中心设备的调试。

（4）会查询历史视频资料。

3）调试说明

（1）调试前准备。

调试前确保监控中心设备安装接线完毕，软件安装到位。

（2）调试过程。

应用于监控中心的软件有很多种，这里主要以大华的网络存储录像机 SVR 为例进行介绍。

① 设置网络连接。网络存储录像机设备出厂默认设置如下。

a. IP 地址为 192.168.0.111，默认网关为 192.168.0.1，默认掩码为 255.255.0.0。

b. 用户为 admin，密码为 888888888888。

c. 设置工作台 IP 地址。

② 测试网络连接情况。在工作台 DOS 环境下输入命令 ping192.168.0.111，执行该命令后可能会有网络互通和网络不通两种情况，若网络不通请检查工作台网络配置及物理网络状况，确保网络稳定可靠。

③ 设置设备 IP 地址。

a. 在 IE 浏览器地址栏中输入"http://192.168.0.111"，登录网络存储录像机系列产品的管理系统。

b. 以用户名"admin"登录系统，登录密码为"888888888888"。

c. 执行【网络管理】→【网络配置】→【编辑】命令，如图 3-74 所示。

d. 设置所要配置的 IP 地址和网关。例如，把 IP 地址修改为 10.12.5.30，网关修改为 10.12.0.1，单击【保存】按钮。

④ 启用设备。在 IE 浏览器地址栏中输入"http://10.12.5.30"，即可登录网络存储录像机系列产品的管理系统。

图 3-74　设备编辑界面

⑤ 设备配置。执行【业务管理】→【设备配置】命令，打开设备配置界面，系统中现有两个设备，编号为"1001007"和"1001006"，如图 3-75 所示。

1001007：该编号设备的"设备名称"为 DVR1，"设备类型"是 DVR，用于监控的"设备通道数"为 3，"设备 IP 地址"为 10.12.6.55，该设备的"所属位置"是 root。

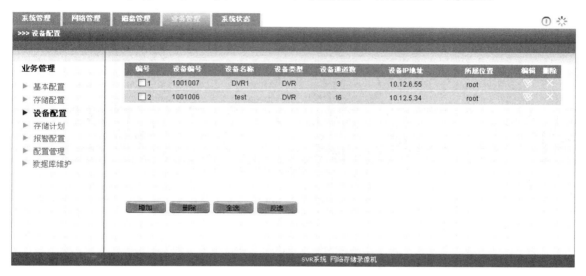

图 3-75　设备配置

1001006：该编号设备的"设备名称"为 test，"设备类型"是 DVR，用于监控的"设备通道数"为 16，"设备 IP 地址"为 10.12.5.34，该设备的"所属位置"是 root。

可通过页面下面的【全选】和【反选】按钮实现对设备的批量选择，进而通过【删除】按钮实现批量删除设备的操作。单击【增加】或【删除】按钮等进行相应的操作。

⑥ 接入网络解码器。

a. 确认解码器正确接入网络，连接计算机串口。

b. 给计算机主机和解码器分别设置 IP 地址、子网掩码和网关（如网络中没有路由设备请分配同网段的 IP 地址；若网络中有路由设备，则需设置好相应的网关和子网掩码），解码器的网络设置如下。

解码器正常开机后，在计算机串口中输入用户名"admin"及密码"admin"，再输入 net‑a 后依次输入 IP、NETMASK、GATEWAY，命令格式为 net-a[IP][NETMASDK][GATEWAY]，例如：

```
username: admin
password: admin
DeBug>net-a192.168.XXX.XXX255.255.XXX.XXX192.168.XXX.XXX
```

　　c. 利用 ping×××.×××.×××.×××（解码器 IP 地址）检验网络是否连通，返回 TTL 值一般等于 255。

　　d. 打开 IE 网页浏览器，在地址栏中输入要登录的解码器的 IP 地址。

　　e. Web 控件自动识别下载，升级新版 Web 控件时将原控件删除。

　　f. 删除控件方法：运行 uninstallweb.bat（Web 卸载工具），删除控件。

　　⑦ 进入系统菜单。在浏览器地址栏中输入解码器的 IP 地址，即在地址栏中输入 "http://192.168.1.100"，并连接，弹出安全预警是否接受解码器的 Web 控件 "webrec.cab"，选择接受，系统会自动识别安装。如果系统禁止下载，应确认是否安装了其他禁止控件下载的插件，并降低 IE 的安全等级。完成控件安装，连接成功后弹出如图 3-76 所示的登录界面。

图 3-76　登录界面

　　输入用户名和密码，公司出厂默认管理员用户名为 "admin"，密码为 "admin"。登录后应及时更改管理员密码。登录成功后，显示如图 3-77 所示的界面。

　　TV1 对应输出的 1～4 解码通道；TV2 对应输出的 5～8 解码通道；TV3 对应输出的 9～12 解码通道；TV4 对应输出的 13～16 解码通道。

　　直接单击选择任一解码通道，进行连接实时解码输出。

　　⑧ 解码器设置。解码器设置如图 3-78 所示。【TV 输出】选择解码器输出通道。每台解码器支持 4 个 TV 输出，每个 TV 输出含 4 个解码通道。

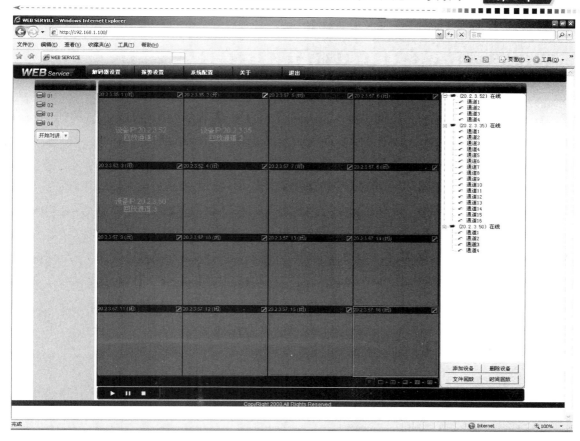

图 3-77　登录成功界面

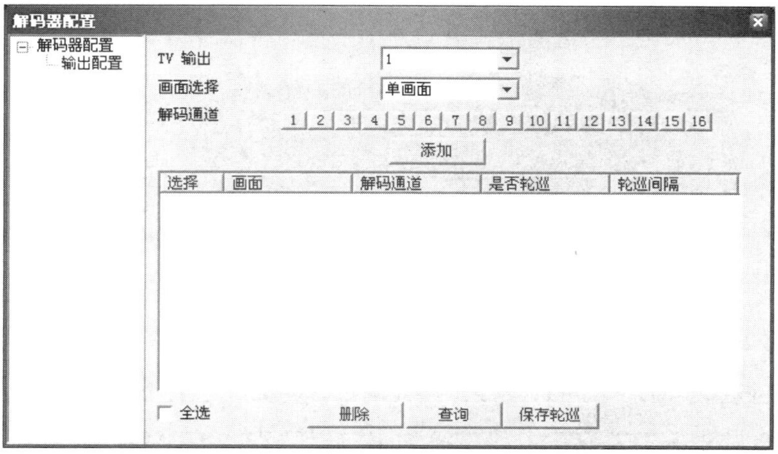

图 3-78 解码器设置界面

【画面选择】选择单画面或 4 画面输出。

【解码通道】选择输出用的解码通道。

⑨ 解码上墙。通过 DSS 软件找到设备树，添加 4 副画面后右击，选择【矩阵输出】选项，选择一路输出通道后解码，在监控中心的电视墙上可同时显示当前选中的 4 幅画面。

3. 任务步骤

（1）如图 3-79 所示，各实训台的视频信号经路由器接入监控中心的交换机内，经交换机连接到网络存储录像机与网络解码器上。

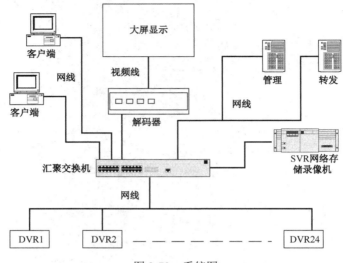

图 3-79　系统图

（2）安装网络存储录像机硬盘。整机安装如图 3-80 所示。安装步骤如下。

① 从设备前面板方向，将硬盘架拉出。

② 将固定硬盘架的挡条取下。

③ 将硬盘安装在硬盘架上，每个硬盘配备 4 颗螺钉。

图 3-80 中标示了网络存储录像机的磁盘排列顺序。横排序号是由左往右依次递增，如下方的"13""14""15""16"通道所示。纵向是由上往下依次递增。

图 3-80 硬盘安装位置图

（3）接线。按图 3-81 所示进行连线。接线端口说明如表 3-15 所示。

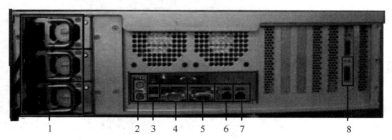

图 3-81　网络存储录像机的接线端口

表 3-15　接线端口说明

序　号	端　口	描　述
1	电源接头	用于连接 220V 交流电
2	普通鼠标/键盘接口	用于连接鼠标/键盘以查看设备情况
3	USB 接口	用于连接带有 USB 接口的设备
4	串口	用于连接 RS232 串口进入命令行页面
5	CRT 接口	用于连接显示器
6	以太网口	用于数据传输，为千兆以太网口
7	以太网口	用于数据传输，为千兆以太网口
8	扩展连接口	用于连接扩展的磁盘柜

（4）启动网络存储录像机硬盘。

① 连接电源线。

② 按下设备的电源开关，启动 ESS3016X，硬盘通道上的电源指示灯变黄色，所有磁盘通道上的读写指示灯闪烁一次表示启动完毕。第一次启动设备时，需要手动运行完成配置网络操作系统的一系列配置。

（5）按表 3-16 所示对监控中心进行操作，参照说明书填写操作步骤。

表 3-16　监控中心实训操作清单

序　号	项　目	操 作 步 骤
1	通过 SVR 自带的软件进行设置，如访问 192.138.0.237，进入 SVR 界面	
2	进行设备的配置，增加硬盘录像机、网络摄像机	
3	设置存储计划，将视频信号存储到 3 号硬盘内	
4	对系统状态进行查询，如服务状态、录像状态、设备是否启用	
5	对用户进行管理，即通过客户端的 DSS 软件访问 SVR	
6	使用服务器上 DSS 软件将 4 路图像信号通过网络解码器解码后输出到壁挂式的显示器上	

综合实训

1．实训目的

会安装并使用混合式 DVR、HDCVI 摄像机、POE 供电的 IP 摄像机、模拟摄像机、鱼眼摄像机；会使用 DVR 和交换机构建中小型视频监控系统；会使用拼接屏；会对整个系统进行调试；会根据运维服务器的提示信息对系统中的损坏设备进行处理。

2．实训内容

通过混合式 DVR 将前端模拟摄像机、HDCVI 摄像机、IP 摄像机、拾音器构成小型视频监控系统，再使用 POE 供电的 IP 摄像机、交换机与小型视频监控系统组网接入监控中心，在监控中心拼接屏上进行显示前端图像。

以学校某教学楼或实训楼为应用对象，充分考虑其对视频监控的需求，为其设置一套视频监控系统，要求能达到全方位、无盲区，并能有效监控的效果。

实训过程要求绘制教学楼或实训楼平面图（楼层布置相同，可以绘制一层即可），结合实际监控需求选择适当的摄像机，系统采用模拟和数字（或网络）混合模式，特别注意存储容量的计算。

要求绘制出视频监控系统架构图，并完成前端点位表，如表 3-17 所示。

表 3-17　报警前端点位表

序　号	摄　像　机	安　装　位　置	注　意　事　项
1	HDCVI 摄像机	楼道走廊	使用原有的同轴电缆
2	IP 摄像机	办公室门口	区分是否 POE 供电
……			

要求在平面图完成设备点位图，即将选择好的摄像机布置在平面图上，并做好标注（如安装位置、高度等），平面图上还要求标出 DVR、交换机的安装位置。

3．实训设备、器材

混合式 DVR 1 台、HDCVI 摄像机 1 台、IP 球机 1 套、IP 摄像机（POE）1 台、交换机（支持 POE）1 台、3×4 拼接屏（带解码）1 套、磁盘阵列 1 套、核心交换机 1 台、运维服务器 1 台、网线若干、线材若干、工具包 1 套。

4．实训步骤

（1）绘制平面图，根据实际需要在不同位置使用混合式 DVR、HDCVI 摄像机、POE 供电的 IP 摄像机、模拟摄像机、鱼眼摄像机构成本地视频监控系统，并绘制监控系统图。

（2）使用交换机、磁盘阵列、运维服务器、拼接屏显示等将各本地视频监控系统联网，并绘制原理图。完成表 3-16。

（3）在平面图上进行设备点位的布置。

（4）在实训台上安装相应的摄像机与 DVR 等，完成设备与电源等的连接。

（5）完成本地实训台与监控中心的联网，与拼接屏的连接等。

（6）分别在本地实训台和监控中心进行调试，使图像和监控范围满足要求。

（7）分别在本地实训台和监控中心对球机进行控制。

（8）利用运维服务器测试系统中设备损坏与异常情况，并做出处理。

（9）编写综合实训报告。

习题

1．云台的种类有哪些？使用云台应注意什么事项？

2．常用的解码器的通信协议有哪些？

3．云台的功能是什么？

4．简述解码器的功能。

5．前端解码器安装时需要设置什么？前端解码器的安装位置如何选择？

6．为什么与云台镜头设备间连线尽量短？

7．如何实现解码器的自检？

8．常用的解码器的通信协议有哪些？

9．解码器的工作电源使用要注意什么？

10．简述监控中心的作用。

11．简述监控中心的组成。

12．简述监控中心解码器的作用。

13．镜头接口有哪些种类？与摄像机配合使用时应注意什么？

第4章

门禁控制系统设备的工程施工与调试

学习要点

（1）学习门禁控制系统的组成，熟悉其工作流程，掌握门禁控制系统设备施工工艺与调试方法。

（2）学习前端识别装置与控制器的使用，掌握门禁控制系统常规施工工艺与调试方法。

（3）熟练掌握门禁系统设备接线、安装施工方法和调试技术，根据工程设计文件安装识读、控制设备、执行设备；检测施工后的施工质量和系统功能；按门禁控制系统性能指标要求对系统进行调试。

门禁控制系统通常包括识读部分、管理控制部分、执行部分，由代表身份的出入凭证及与之相对应的输入装置、传感器（门磁开关等）、识别器、门禁控制器、执行机构（电控锁等）、门禁软件及其他设备组成，如图4-1所示。

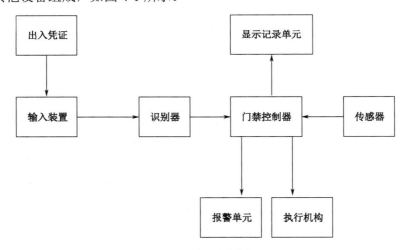

图4-1　门禁控制系统的组成

（1）出入凭证。出入凭证是门禁控制系统识别的依据，代表出入目标的身份，是一种区别于机械锁，具有不同形态的"钥匙"。在不同的门禁控制系统中，出入凭证可以是密码、磁卡、IC 卡等各种卡片，或是具有人体特征的指（掌）纹、虹膜、视网膜、人像脸面、声音等生物信息。

（2）输入装置。输入装置是门禁控制系统的输入口，是对出入凭证进行信息采集的专用装置，根据不同形态的"钥匙"配置相应的输入接口。

（3）识别器。识别器负责对出入凭证读出的数据信息（或生物特征信息）进行比对识别处理，并将结果信息传输到控制器。

（4）传感器。具有拾取外界各种非电物理量信息，并自动转换成电信号的敏感部件。门禁控制系统中的门磁开关传感器能将出入口的门开关状态信息转换成电开关信号，并传送给门禁控制系统，由门禁控制系统对其输送过来的信号进行判断处理。

（5）门禁控制器。负责整个系统的输入\输出信息处理、存储和控制，验证识别器输入信息的可靠性，并根据出入口的出入法则和管理规则判断其有效性，根据是否有效对执行机构与报警单元发出指令。

（6）执行机构。执行机构由多种电控机械结构形式组成：电控门锁有断电开锁型的阳极锁和通电开锁型的阴极锁，如停车场专用的挡车器、出入闸杆等。它们的动作状态均由门禁控制器控制与协调。

（7）门禁软件。门禁软件负责门禁控制系统的监控、管理、查询等工作，监控人员通过门禁软件可对出入口的状态、门禁控制器的工作状态进行监控管理，并可扩展完成巡更、考勤、人员定位等功能。

（8）报警单元。在门禁控制系统中，当检测到有未经允许的不法出入，以及门被强行打开或保持开门时间过长等情况，都将产生报警信号。

4.1　读卡器的施工与调试

1. 读卡器的种类

读卡器是门禁系统识读部分，属前端设备，配合相应的卡片负责实现对出入目标的个性化探测任务，在编码识别设备中，以卡片式读取设备最为广泛，下面是常用的读卡器的分类。

（1）读卡器根据读卡距离可以分为接触式读卡器、非接触式读卡器，有带密码键盘和不带密码键盘的区别。

（2）读卡器根据控制器可接读卡器的数量可分为单向控制器和双向控制器。

（3）读卡器根据可读卡界面分为单界面读卡器、双界面读卡器及多卡座接触式读卡器。

（4）读卡器根据接口不同主要分为并口读卡器、串口读卡器、USB 读卡器、PCMICA 卡读卡器和 IEEE1394 读卡器。

（5）读卡器根据读卡协议划分可以分为两种，一种是 485 读卡器，另一种是韦根读卡器，有韦根 26 协议和 34 协议，这两种协议是常规协议。

（6）读卡器根据读卡类型可分为 IC 读卡器与 ID 读卡器，IC 卡读卡器是一种非接触 IC 卡读写设备，它通过 USB 接口实现与 PC 的连接，单独 5V 电源供电或键盘口取电，其支持访问射频卡的全部功能。该系列设备应用于门禁、考勤、会议签到、高速公路、旅游、停车场、公交收费、商场消费、会员系统及各种应用系统的发卡系统。ID 卡读卡器是用来读 ID 卡的，读卡器支持即插即用、在使用过程中可以随意拔插，不用外加电源，用户不用加载任何驱动程序，Windows 系统直接将其当成 HID 类设备键盘。计算机 USB 口接入读卡器后，读卡器"嘀"一声开始自检及初始化，再"嘀"一声初始化成功，进入等待刷卡状态。

2. 读卡器对应的卡片

读卡器对应的工作卡片主要有以下几种。

（1）条码卡。将黑白相间的组成的一维或二维条码印刷在 PVC 或纸制卡基上构成的条码卡，就像商品上贴的条码一样，其优点是成本低廉，缺点是条码易被复印机等设备轻易复制，条码图像易褪色、污损，因此一般不用在安全性要求高的场所。

（2）磁条卡。将磁条粘贴在 PVC 卡基上构成的磁条卡，其优点是成本低廉，缺点也是可用设备轻易复制，且易消磁和污损，磁条读卡机磁头也很容易磨损，对使用环境要求较高，常与密码键盘联合使用以提高安全性。

（3）韦根卡（Wiegandcard）。韦根卡也叫铁码卡，是曾在国外流行的一种卡片，卡片中间用特殊的方法将极细的金属线排列编码，其读卡机和操作方式与磁条卡基本相同，但原理不同，具有防磁、防水等能力，环境适应性较强。虽然卡片本身遭破坏后金属线排列即遭破坏，不好仿制，但利用读卡机将卡信息读出，也容易复制一张相同卡片。在国内很少使用，但其输出数据的格式常被其他读卡器采用。

（4）接触式 IC 卡。接触式 IC 卡广泛应用在各种领域，如加油卡、驾驶员积分卡等，在出入口系统中，主要是用存储卡和逻辑加密卡。还有用带有 CPU 的智能卡，其优点是安全性较高，常用在宾馆的客房锁等处。但接触式操作，容易使卡片和读卡器磨损，必须对设备经常维护。

（5）无源感应卡。无源感应卡是在接触式 IC 卡的基础上采用射频识别技术，也称无源射频卡，卡片与读卡器之间的数据采用射频方式传递。主要有感应式 ID 卡和可读写的感应式 IC 卡两种形式。常见的读卡距离为 4～80cm。在识读过程中不需接触读卡器，对粉尘、潮湿等环境的适应远高于上述其他卡片系统，它使用起来非常方便，是目前出入口控制系统识读产品的主流。

（6）有源感应卡。有源感应卡与无源感应卡的技术特点基本相同，不过其能量来自卡内的电池。能量的增强，使读卡距离大为增加，通常的读卡距离为 3.5～15m。常用于对机动车的识别，不过卡片寿命受电池的制约，不能更换电池的卡片，其寿命一般在 2～5 年。

（7）生物特征识读设备。生物特征识别不依附于其他介质，直接实现对出入目标的个性化探测，常见的生物特征识别方式主要有指纹识别、掌形识别、虹膜识别和面部识别（人脸识别）。

4.1.1 读卡器施工与调试方法

1.读卡器接口

读卡器可采用 8 芯屏蔽线（RVVP8×0.3mm²）5 类网线，减少传输过程中的干扰。下面以 PAR-190E 韦根读卡器为例介绍读卡器的接口。

读卡器的外形如图 4-2 所示。读卡器的接线端子有 10 根线，如表 4-1 所示。

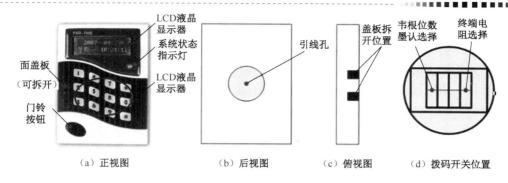

| （a）正视图 | （b）后视图 | （c）俯视图 | （d）拨码开关位置 |

图 4-2　韦根读卡器的外形图

表 4-1　PAR-190E 韦根读卡器的接线端子

引 线 颜 色	电 路 标 识	含　义
红色	POWER	系统电源正极（+9～+25V），标称值 12V 或 15V
白色	D1	韦根 D1 数据线
绿色	D0	韦根 D0 数据线
黑色	GND	系统电源负极 GND
紫色	BZ	蜂鸣器外部控制线
蓝色	GLED	绿灯外部控制线
棕色	A	RS485 通信线 A 端
黄色	B	RS485 通信线 B 端
橙色	DSMOUT	防拆信号
灰色	DRA/DRB	门铃 AB 端

读卡器与门禁控制器的连接，如表 4-2 所示。

表 4-2　门禁控制器的读卡器接口

端 口 组	端 口 名 称	说　明
室外读卡器	POWER	Wiegand 读卡器电源正极输出端口，此端口输出的电压比控制器电源的输入电压低 0～2V，具体由读卡器工作电流的大小而定，电流越大，输出的电压越低
	D0	读卡器数据线 0 输入端口
	D1	读卡器数据线 1 输入端口
	BUZZER	读卡器蜂鸣器控制输出端口
	LED	读卡器 LED 控制输出端口
	GND	控制器的公共地
室内读卡器	POWER	Wiegand 读卡器电源正极输出端口，此端口输出的电压比控制器电源的输入电压低 0～2V，具体由读卡器工作电流的大小而定，电流越大，输出的电压越低
	D0	读卡器数据线 0 输入端口
	D1	读卡器数据线 1 输入端口
	BUZZER	读卡器蜂鸣器控制输出端口
	LED	读卡器 LED 控制输出端口
	GND	控制器的公共地

2. 读卡器施工方法

读卡器一般安装在门旁，读卡器可直接固定于镶嵌在墙壁里的 86 接线盒上。首先将读卡器的上底盒套在读卡器连接线上，然后将读卡器与底盒里的线连接好，如图 4-3 所示。为保证读卡器能长久的使用，最好采取焊接方式连接，将连接好的线用绝缘胶布包好，将读卡器固定妥当，即可使用。读卡器与控制器之间的距离不宜过长，一般应控制在 100m 之内。

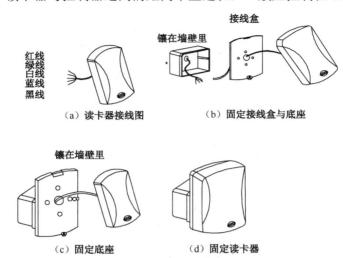

图 4-3　读卡器安装方法

然后再将读卡器的连线接到控制器上，安装时在安装墙上钻两个孔，用螺钉或紧固件将读卡器固定在墙上。

读卡器在安装时，应距地面 1.4m 左右，距门边框 30～50mm；读卡器与控制箱之间采用 8 芯屏蔽线（RVVP8×0.3mm^2）。读卡器安装位置示意图如图 4-4 所示。

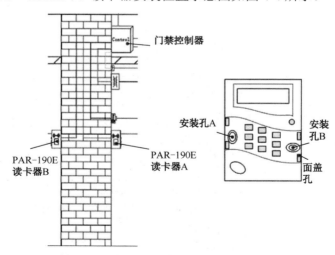

图 4-4 读卡器安装位置示意图

注意：在读卡器可感应的范围，切勿靠近或接触高频或强磁场（如重载马达、监视器等），感应距离与隔间的材质不可为金属板材，并需配合控制箱的接地方式。

4.1.2 读卡器施工与调试实训

1. 设备、器材

PAR-190E 读卡器 1 个，二芯线、四芯线若干，12V 电源 1 个，工具包 1 套，网线 1 根。

2. 读卡器施工与调试实训引导文

1）实训目的

（1）通过读卡器的安装，能够按工程设计及工艺要求正确安装读卡器，并引出接线端子与控制器相连。

（2）对设备的安装质量进行检查。

（3）会引出读卡器的接线端子。

（4）编写安装说明书。

2）必备知识点

（1）掌握读卡器的打开方式。

（2）会正确安装读卡器。

（3）会将读卡器的引线延长，并接入控制器。

3）施工说明

（1）施工前的准备。检查读卡器安装位置的现场情况，应没有金属或强干扰源，检查读卡器外观，无瑕疵、划痕等。

（2）施工与调试。

① 将读卡器安装于指定位置。

② 使用网线完成读卡器连接线的延长工作。

4）施工注意事项

（1）读卡器发射频率为 13.56MHz，所以在读卡器安装现场不得有强干扰频率源，否则会引起读卡出错。

（2）如果在同一个出入口处安装 2 台进、出门读卡器时，为防止读卡器发射磁场相互影响，2 台读卡器的安装距离应大于 50cm。

（3）读卡器周围应尽量避免使用金属，否则会影响读卡质量。

（4）控制器与读卡器之间的线缆应使用线径大于 2mm 的屏蔽线，建议采用 8 芯屏蔽（RVVP8×0.3mm^2）5 类网线。

（5）控制器与读卡器之间的连线长度应小于 80m。

3. 任务步骤

（1）首先将读卡器的上底盒套在读卡器连接线上，然后将读卡器与底盒里的线连接好。为保证读卡器能长久的使用，最好采取焊接方式连接，将连接好的线用绝缘胶布包好。

（2）读卡器与控制器之间的距离不宜过长，一般应控制在 100m 之内。

（3）然后再将读卡器的连线用超 5 类网线延长，为接到控制器做准备。

（4）在安装墙上钻两个孔，用螺钉或紧固件将读卡器固定在墙上或门框上。

（5）读卡器在安装时，应距地面 1.4m 左右，距门边框 30～50mm；读卡器与控制箱之间采用 8 芯屏蔽线（RVVP8×0.3mm²）。

4.2 出门按钮、门磁开关的施工与调试

1. 出门按钮

出门按钮，顾名思义为出门前按下按钮的一个装置，一般有常开、常闭两种。大多数出门按钮都既有常开点，又有常闭点，材质有塑胶、锌合金、不锈钢等，触发方式一般有机械触发、红外触发、感应触发等。如图 4-5 所示。

图 4-5　出门按钮

2. 门磁

门磁开关由一个条形永久磁铁和一个带常开触点的干簧管继电器组成，较小的部件为永磁体，内部有一块永久磁铁，用来产生恒定的磁场，较大的是门磁主体，它内部有一个常开型的干簧管，干簧管是一个内部充有惰性气体（如氮气）的玻璃管，其内装有两个金属簧片，形成触点 A 和 B，当磁铁和干簧管平行放置时，干簧管的金属片被磁铁吸合，电路接通；当磁铁和干簧管分开时，干簧管在自身弹力的作用下自动分开，电路断开。所以，当永磁体和干簧管靠得很近时（小于 5mm），门磁传感器处于工作守候状态，当永磁体离开干簧管一定距离后，处于常开状态。如图 4-6 所示为门磁开关探测器的结构图。磁控开关的工作原理如图 4-7 所示。

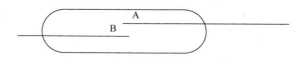

图 4-6　门磁开关探测器的结构图

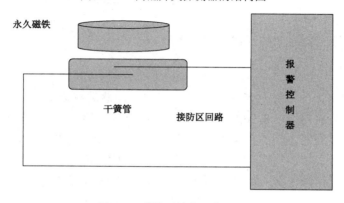

图 4-7　磁控开关的工作原理

当需要用磁控开关去警戒多个门、窗时，可采用如图4-8所示的串联方式。

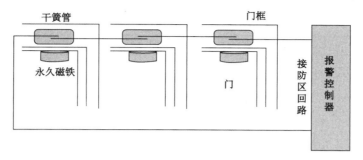

图4-8　磁控开关的串联使用

4.2.1　出门按钮、门磁开关施工与调试方法

1. 出门按钮、门磁开关接口

出门按钮接口如图4-9所示。在接口处接上线缆即可使用，出门按钮一般处于常开状态按下后触点闭合可实现通电功能。

图4-9　出门按钮接口

有线门磁开关接口有集成型的，也有开放接线型的，如图4-10所示。

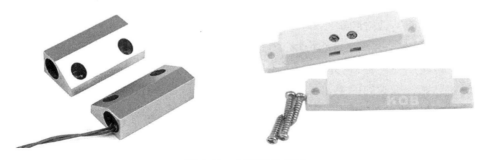

图4-10　门磁开关接口

门禁控制器的门磁与出门按钮接口，如表 4-3 所示。

表 4-3　门禁控制器的门磁与出门按钮接口

端　口　组	端　口　名　称	说　　　明
端口输入	SENSOR	门磁输入端口
	GND	控制器的公共地
	BUTTON	开门按钮输入端口

2. 出门按钮、门磁开关施工方法

（1）出门按钮施工方法。出门按钮一般安装在门旁，出门按钮安装时，距地面应与读卡器高度一致，墙面预埋接线盒；出门按钮与控制器之间采用 2 芯屏蔽线（RVVP2×0.5mm²）。出门按钮的安装示意图如图 4-11 所示。

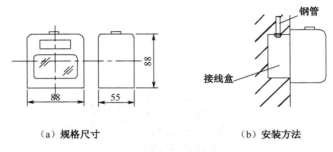

（a）规格尺寸　　　　　　（b）安装方法

图 4-11　出门按钮安装方法

安装好出门按钮后，将出门按钮信号与控制器相连，如图 4-12 所示。

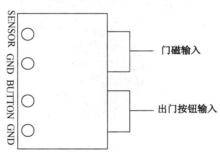

图 4-12　门磁、出门按钮与控制器连线图

（2）门磁开关施工方法。门磁开关一般有有线和无线两种，安装方式可以使用明装和嵌入式安装两种。它由舌簧管和磁铁两部分组成。

干簧管宜置于固定框上；磁铁置于门窗的活动部位上，一般安装在距门、窗拉手边 150mm 处。两者宜安装在产生位移最大的位置，开关盒应平行对准，如图 4-13 所示。门磁开关其误报率与安装的位置有极大的关系，推荐的安装位置应该是主件和副件间隙≤2mm。

安装前应首先检查开关状态是否正常工作。如图 4-14 和图 4-15 所示是门磁开关在门和窗上的安装位置。

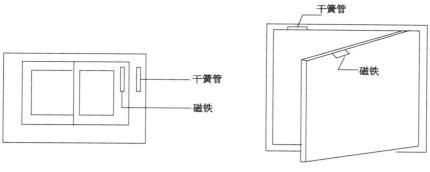

图 4-13　门磁开关安装示意图

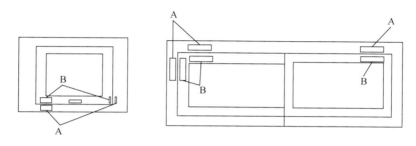

图 4-14　门磁开关在窗上的安装位置

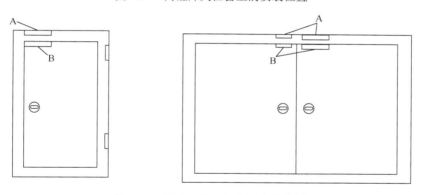

图 4-15　门磁开关在门上的安装位置

4.2.2　出门按钮、门磁开关施工与调试实训

1．设备、器材

出门按钮 1 个，门磁开关 1 个，MJS-180 控制器 1 个，二芯线、四芯线若干，12V 电源 1 个，工具包 1 套。

2．出门按钮、门磁开关施工与调试实训引导文

1）实训目的

（1）能够按工程设计及工艺要求正确安装出门按钮与门磁开关，并引出接线端子与控制器相连。

（2）对设备的安装质量进行检查。

（3）会引出出门按钮和门磁开关的接线端子。

（4）编写安装说明书。

2）必备知识点

（1）掌握出门按钮的安装方式。

（2）会正确安装门磁开关。

（3）会将出门按钮和门磁开关的引线延长，并接入控制器。

3）施工说明

（1）施工前的准备。检查出门按钮和门磁开关安装位置的现场情况，注意木门和金属门使用门磁开关的区别。检查其外观，无瑕疵、划痕等。

（2）施工与调试。将出门按钮和门磁开关安装于指定位置。

4）施工注意事项。

（1）钢制门上安装门磁开关，在安装位置处要补焊扣板。

（2）木制门上安装门磁开关，可用乳胶辅助粘接。

（3）门扇钻孔深度不小于 40mm，门框钻通孔后，门扇与门框钻孔位置对应。

（4）接线可使用接线端子压接或焊接。

（5）一般普通的磁控开关不宜在钢、铁物体上直接安装，这样会使磁性削弱，缩短磁铁的使用寿命。

（6）磁控开关有明装式（表面安装式）和暗装式（隐藏安装式）两种，应根据防范部位的特点和要求选择。

3．任务步骤

（1）分组，以组为单位进行练习。

（2）根据所需的线材、设备，确定方案设备清单。

（3）完成门磁开关、出门按钮在指定位置的安装。

（4）完成与控制器的连接。

（5）编制设备安装报告书。

4.3　电插锁与门禁控制器的施工与调试

1．锁具的分类

门禁系统常用的执行机构有多种种类和型号的电控门锁，可以满足各种木门、玻璃门、金属门的安装需要。每种电子锁具都具有自己的特点，在安全性、方便性和可靠性上也各有差异，需要根据实际情况来选用。按其工作原理的差异，可以分为电插锁、电磁锁、阴极锁和阳极锁等。

1）磁力锁

磁力锁又称电磁锁，由电磁门锁与吸附板组成，可分为单门磁力锁、双门磁力锁。如图 4-16 所示是一种依靠电流通过线圈时，产生强大磁力，将门上所对应的吸附板吸住，而产生关门动作的电磁锁。磁力锁也是一种断电开门的电锁，主要由固定平板、磁力锁主体、吸附板、定位栓、橡胶垫片等部件组成，如图 4-16（a）所示，安装时先将固定平板安装于门框上，固定平板与磁力锁主体上各有两道"滑轨"式导槽，将电磁门锁推入固定平板上的导槽，即可固定螺丝，连接线路。

2）电控锁

电控锁主要用于小区单元门、银行储蓄所二道门等场合，如图4-17所示。

缺点：冲击电流较大，对系统稳定性有影响，关门噪音比较大。安装不方便，在铁门上安装需要专业的焊接设备。安装调试时要注意，开门延时不能长，只能设置在1s以内，如果时间延长，有可能引起电控锁发热损坏。

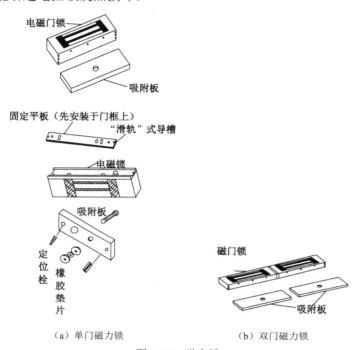

（a）单门磁力锁　　（b）双门磁力锁

图4-16　磁力锁

图4-17　电控锁

针对这些缺点，新款的"静音电控锁"，简称"静音锁"（电机锁）被设计出来，不再是利用电磁铁原理，而是驱动一个小马达来伸缩锁头完成开锁功能，如图4-18所示。

电控锁分为阳极电控锁与阴极电控锁，有两种开启方式：断电松锁式是当电源接通时，门锁舌扣上，当电源断开时，门可开启，适用于安装在防火或紧急逃生门上。断电上锁式是当电源断开时，门锁舌扣上；当电源接通时，门锁舌松开，门可开启，适用于安装在进出口通道门上。

图 4-18　静音锁（电机锁）

阴极电控锁安装在门框上，可用密码或按出门按钮控制阴极电控锁锁舌开门。阴极电控锁安装在门框中部时，可配合在门上安装球形机械门锁使用，阴极电控锁安装在门框顶部时，可配合在门上安装用钥匙开启的机械锁。

电控锁安装高度通常为 1～1.2m，电控门锁安装时，要对门框和门扇开孔。金属门框安装电控锁，导线可穿软塑料管沿门框敷设，门框顶部进入接线盒。木门框可在电控锁外门框的外侧安装接线盒及钢管。电控锁通常安装在门框顶部，锁槽安装在门扇上。安装时要配合在墙上及门框外敷设控制导线，导线可穿管或在线槽敷设。

3）电插锁

电插锁是一种电子控制锁具，通过电流的通断驱动"锁舌"的伸出或缩回以达到锁门或开门的功能，有通电开锁和断电开锁两种。按照消防要求，当发生火灾时，大楼一般会自动切断电源，此时电插锁应该打开，以方便人员逃生，所以大部分电插锁是断电开锁的。电插锁以电线数分为两线电插锁、4 线电插锁、5 线电插锁、8 线电插锁。

（1）两线电插锁。两线电插锁有两条电线，即红色和黑色，红色接电源+12V DC，黑色接GND。断开两线电插锁任何一根线，锁头缩回门打开。两线电插锁，设计比较简单，没有单片机控制电路，冲击电流比较大，属于价格比较低的低档电插锁。

（2）4 线电插锁。如图 4-19 所示，4 线电插锁有红色和黑色两条电线，红色电线接电源+12V DC，黑色电线接 GND；还有两条白色的线，是门磁信号线，反映门的开关状态。电插锁通过门磁，根据当前门的开关状态，输出不同的开关信号给门禁控制器作判断，如果不需要可以不接。4 线电插锁可以采用单片机控制，使其具备延时等功能，属于性价比好的常用型电锁。

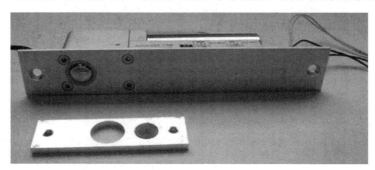

图 4-19　4 线电插锁

所谓带延时控制，就是锁体上有拨码开关，如图 4-20 所示，可以设置关门的延时时间。通常可以设置为 0s、2.5s、5s、9s，根据每个厂家的规定略有不同。锁体延时控制和门禁控制器或门禁软件设置的开门延时控制是两个不同的概念。门禁控制器或门禁软件设置的是"开门延时"，或者称"门延时"，是指电锁开门多少秒后自动合上。

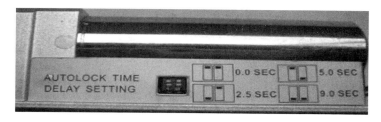

图 4-20　电插锁上的关门延时设置

电锁自带的延时是关门延时，是指门到位多久后，锁头下来，锁住门。一般门禁系统都是要求门一关到位，锁头就下来，把门关好。所以，电锁延时默认设置成 0s。而有些门的弹簧不好，门在关门位置前后晃荡几下，门才定下来，这个时候如果设置成 0s，锁头还没来得及打中锁孔，门就晃过去了，门再晃回来会把已经伸出来的锁头撞歪，为避免这种情况可以设置一个关门延时，等门晃荡几下，稳定下来后，锁头再下来，关闭门。

（3）5 线电插锁。5 线电插锁原理和 4 线电插锁的原理是一样的，只是多了一对门磁的相反信号，用于一些特殊场合。

红黑两条线是电源。还有 COM、NO、NC 三条线，NO 和 NC 分别和 COM 组成两对相反信号（一组闭合信号，一组开路信号）。门被打开后，闭合信号变成开路信号，开路信号的一组变成闭合信号。

（4）8 线电插锁。8 线电插锁原理和 5 线电插锁一样。只是除了门磁状态输出外，还增加了锁头状态输出。电插锁通常用于玻璃门、木门等。

电插锁的优点：隐藏式安全，外观美观，安全性好，不容易被撬开和拉开。

电插锁的缺点：安装时要挖锁孔，比较辛苦。有些玻璃门没有门槛（即门框也是玻璃的），或者玻璃门面的顶部没有包边，需要使用无框玻璃门附件来辅助安装，如图 4-21 所示。附件由于产量不高，因此费用不低。

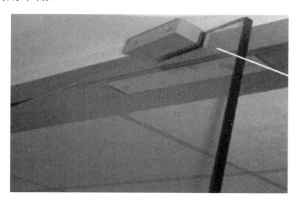

图 4-21　电插锁带无框玻璃门附件安装后样图

4）电锁口（电锁扣）

如图 4-22 所示，电锁扣安装在门的侧面，必须配合机械锁使用。

图 4-22　电锁扣

优点：价格便宜，有停电开和停电关两种。

缺点：冲击电流比较大，对系统稳定性影响大，由于是安装在门的侧面，布线很不方便，因为侧门框中间有隔断，线不方便从门的顶部通过门框放下来；锁体要挖空埋入，安装比较吃力；能承受的破坏力有限。

2．门禁控制器

门禁控制器是门禁系统的中枢，是门禁系统的核心设备，相当于计算机的 CPU，其存储有该出入口可通行的目标权限信息、控制模式信息及现场事件信息。门禁控制器担负着整个系统的输入、输出信息的处理和控制任务，根据出入口的出入法则和管理规则对各种各样的出入请求做出判断和响应，并根据判断的有效性决定是否对执行机构与报警单元发出控制指令。其内部有运算单元、存储单元、输入单元、输出单元、通信单元等组成。门禁控制器性能的好坏将直接影响系统的稳定，而系统的稳定性直接影响着客户的生命和财产的安全。所以，一个安全和可靠的门禁系统，首先需要选择更安全、更可靠的门禁控制器。

门禁控制器通常安装在前端的受控区内，与现场的识读设备和执行设备相连接。门禁控制器的常用分类方法如下。

（1）按照控制器和管理计算机的通信方式可以分为不联网门禁、RS485 联网型门禁控制器和 TCP/IP 网络型门禁控制器。

① 不联网门禁，即单机控制型门禁，就是一台控制器管理一个门，不能用计算机软件进行控制，也不能看到记录，直接通过控制器进行控制。特点是价格便宜，安装维护简单，不能查看记录，不适合多于 50 人或者人员经常流动（指经常有人出入）的地方，也不适合多于 5个门的工程。

② RS485 联网门禁，就是可以和计算机进行通信的门禁类型，直接使用软件进行管理，包括卡和事件控制。所以有管理方便、控制集中、可以查看记录、对记录进行分析处理以用于其他目的。特点是价格比较高、安装维护难度加大，但培训简单，可以进行考勤等增值服务。适合人多、流动性大、门多的工程。

③ TCP/IP 网络门禁，也称以太网联网门禁，也是可以联网的门禁系统，但是通过网络线把计算机和控制器进行联网。除具有 RS485 门禁联网的全部优点以外，还具有速度更快，安装更简单，联网数量更大，可以跨地域或者跨城联网，需要有计算机网络知识。适合安装在大项目、人数多、对速度有要求、跨地域的工程中。

（2）按照每台控制器控制的门的数量可以分为单门控制器、双门控制器、四门控制器及多门控制器。

4.3.1 电插锁与门禁控制器施工与调试方法

1. 电插锁与门禁控制器接口

1）电插锁接口

电插锁由两个主要部分组成，即锁体和锁孔。锁体中的关键部件为"锁舌"，与"锁孔"配合可实现"关门"和"开门"两个状态。即锁舌插入锁孔实现关门，锁舌离开锁孔为开门。电插锁如图 4-23 所示。

图 4-23　电插锁外观图

本节以两线制电插锁为例，介绍其接线端子，如图 4-24 所示。该款电插锁只有红黑两根线，分别是电源的正极与负极，电插锁一般是 12V DC 供电。

图 4-24　电插锁接线端子

2）门禁控制器接口

本节以广州致远支持 TCP/IP 传输协议的 MJS-180 单门控制器为例，介绍其接口，如图 4-25 所示，端口功能如表 4-4 所示。

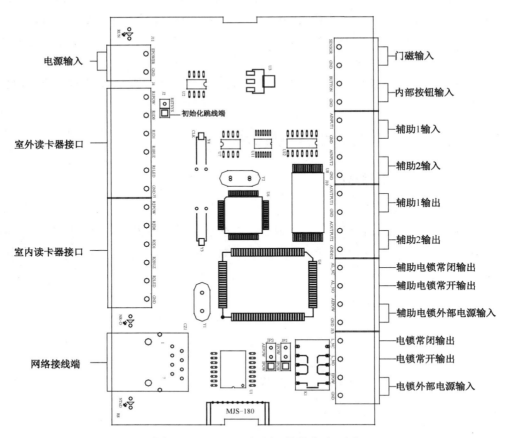

图 4-25   MJS-180 控制器的接线端子图

表 4-4   门禁控制器锁具端口功能表

端 口 组	端口名称	说　　明
电锁输出	NC（常闭）	电锁电源常闭输出端口，用于连接断电开锁型的电锁
	NO（常开）	电锁电源常闭输出端口，用于连接加电开锁型的电锁
	EPOWER	电锁外部电源输入，当电锁使用独立电源供电时，电锁电源的正极从此端口输入，且要把控制器内部的跳线 J17 跳到 EPOW 端。当需配置成干结点输出时，EPOWER 端为开关的公共端，且跳线 J17 也需跳到 EPOW 端
	GND	控制器的公共地

3）门禁控制系统的供电

门禁控制系统的电源主要用于给控制器和电锁供电，一般来讲，门禁管理系统都配有 UPS（不间断电源），以免在现场突发性断电时造成开门的误动作，供电结构如图 4-26 所示。在控制器旁，配备有稳压电源，将交流 220V 电源变换成直流 12V 电源，分别供给控制器和电锁。在电锁开断的瞬间，由于电锁中线包（电磁铁线圈）的作用，会在电源线上附加产生很强的自感电动势，它容易引起电源波动，而这一电源波动对控制器的稳定工作极其不利，所以在可靠性要求比较高的门禁管理系统中，控制器与电锁分别使用不同的电源模块，即 220V 交流供电到控制器时，使用两个 12V 直流的电源模块各自整流/稳压后，分别供给电锁和控制器，并配选标准的电源线。

门禁控制器的+12V 直流电源线采用 2 芯电源线（RVV2×2.5mm²）。按国家标准，电源在满负荷工作时，纹波电压不能大于 100mV。所以应使用符合国家标准、经过严格测试，并能长时间工作的电源产品。控制器采用 12V 供电，控制器电流<120mA，读卡器电流<100mA。以 MJS-180 单门控制器为例，控制器的工作电压为 10~24V 直流电，通常情况下，使用输出电压为 12V，额定电流为 2A 的稳压电源。电源与控制器的连接如图 4-27 所示，220V 电经稳压电源变换为稳定的 12V 直流电，其正极接到控制器的 EPOWER 端，负极接到 GND 端。

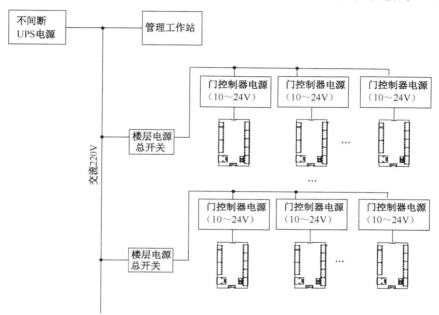

说明：
①门禁控制器应单独供电，防止因电源损坏导致整个系统瘫痪。
②建议电锁采用外部电源供电，以免因电源故障导致电锁开启。
③系统应配备UPS不间断电源，防止因停电造成系统不能正常工作。

图 4-26　门禁控制系统的供电结构图

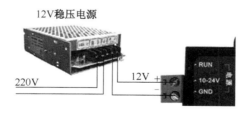

图 4-27　电源与控制器的连接

2．电插锁与门禁控制器施工方法

1）电插锁与门禁控制器的连接

主要是指信号线与电源线的连接。如图 4-25 与表 4-2 所示，完成锁具与门禁控制器的连接。特别注意的是锁具的供电方式，锁具的供电可采用内部供电与外部供电，如图 4-28 和图 4-29 所示。电锁由于电流较大，动作期间会产生较大干扰信号，为减少电锁动作期间对其他元器件的影响，建议采用 2 芯电缆线（RVV2×0.75mm²）。

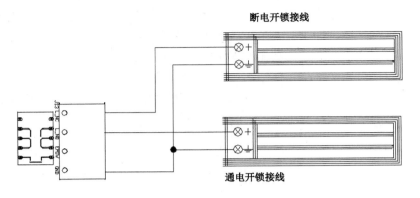

图 4-28　内部供电图

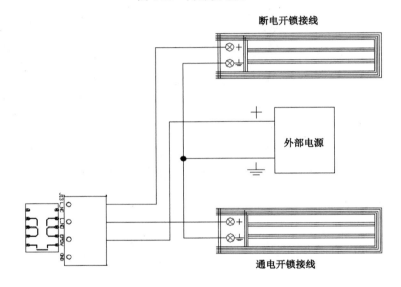

图 4-29　外部供电图

　　继电器输出通过跳线可选择采用内部电源或外部电源供电，当 JP2（或 JP3）短接至 IPOW 时使用内部电源供电，当短接至 EPOW 时使用外部电源供电。内部电源供电时电锁电源与输入电压相同，因此要选择耐压值适当的电锁。例如，输入电源为+24V，电锁采用内部电源供电，此时必须选择耐压值为+24V 的电锁，否则容易损坏电锁。

　　建议采用外部电源向电锁供电，一是可防止电锁动作时产生的干扰对其他器件的影响。二是控制器电源失效后电锁仍可保持正常工作，提高安全性能。

　　2）电插锁的安装

　　（1）先确定门已关到位，然后确定中心线，如图 4-30 所示，并在门框与门扇上做好记录。

　　（2）将包装盒内的开孔贴纸的中心线与门框上中心线对齐并贴上，如图 4-31 所示。

　　（3）用开孔工具根据相应电插锁型号的位置开孔，如图 4-32 所示。

　　（4）根据开好的孔位，将电插锁锁体与装饰面板固定在门框上，如图 4-33 所示。

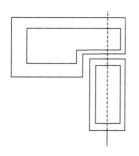

图 4-30　确定中心线

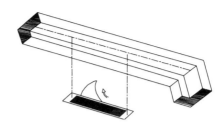

图 4-31　对齐中心线

图 4-32　开孔

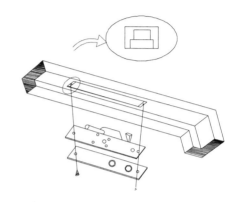

图 4-33　固定锁体

（5）根据门与电插锁、锁舌确定中心线位置，把开孔纸贴在门上，如图 4-34 所示。

（6）用专用开孔工具根据相应电插锁型号对应相应的磁扣板型号开孔，如图 4-35 所示。

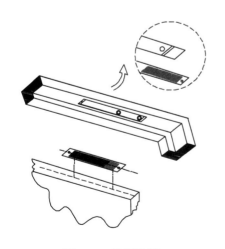

图 4-34　贴开孔纸

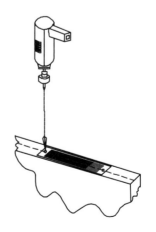

图 4-35　磁扣板开孔

（7）用螺丝将磁扣板固定在门扇上，如图 4-36 所示。

（8）电插锁锁舌中心线与磁扣板上的锁舌孔中心线保持一致，如图 4-37 所示。即安装完成。

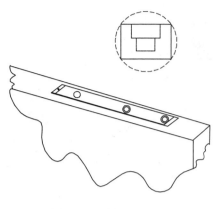

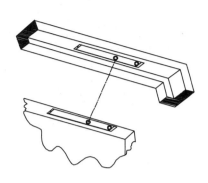

图 4-36　磁扣板固定　　　　　　　　图 4-37　保持中心一致

3）门禁控制器的安装

门禁控制器应安装在控制箱内，控制箱安装位置、高度等应符合设计规范要求，应安装在较隐蔽或安全的地方，以方便于技术人员作业。控制箱应用紧固件或螺钉固定在坚固的墙上，旁边有适合的交流电源插座，与系统 PC 距离较近。明装时，箱体应水平不得倾斜，并应用膨胀螺栓固定；暗装时，箱体应紧贴建筑物表面，严禁使用电焊或气焊将箱体和预埋管焊接在一起，管入箱体应用螺母固定。门禁控制器与控制箱的实物安装图如图 4-38 所示。

图 4-38　门禁控制器与控制箱安装

4.3.2　电插锁与门禁控制器施工与调试实训

1．设备、器材

电插锁 1 个，线材若干，电源 1 个，工具包 1 套，门禁控制器 1 套。

2．电插锁与门禁控制器施工与调试实训引导文

1）实训目的

（1）通过锁具的安装，能够按工程设计及工艺要求正确安装锁具，并完成锁具与控制器

的连接。

（2）对设备的安装质量进行检查。

（3）编写安装说明书。

2）必备知识点

（1）电插锁的供电方式。

（2）正确安装电插锁。

（3）正确安装控制器。

（4）正确完成电插锁与控制器的连接。

3）施工说明

（1）施工前的准备

检查锁具和门禁控制器安装位置的现场情况，检查其外观，无瑕疵、划痕等。

（2）施工与调试

① 将电插锁安装于指定位置。

② 使用规定线材完成锁具与控制器的连接。

③ 完成锁具和控制器的供电连接。

4）施工注意事项

（1）信号线（如网线）不能与大功率电力线（如电锁线与电源线）平行，更不能穿在同一管内。如因环境所限要平行走线，则两种线要远离 50cm 以上。

（2）配线时应尽量避免导线有接头。当非用接头不可时，接头必须采用压线或焊接。导线连接和分支处不应受机械力的作用。

（3）配线在建筑物内安装要保持水平或垂直。配线应加套管保护（塑料或铁水管，按室内配线的技术要求选配），天花板走线可用金属软管，但需固定稳妥美观。

（4）屏蔽措施及屏蔽连接：在施工前的考察中如果发现布线环境的电磁干扰比较强烈，在设计施工方案时必须考虑对数据线进行屏蔽保护。当施工现场有比较大的辐射干扰源或与大电流的电源成平行布置等，则须进行全面的屏蔽保护。屏蔽措施一般为，最大限度的远离干扰源，并使用金属线槽或镀锌金属水管，保证数据线的屏蔽层和金属槽或金属管的连接可靠接地，屏蔽体只有连续可靠的接地才能取得屏蔽效果。

（5）必须通过跳线选择采用内部电源或外部电源对电锁供电，跳线默认为内部电源供电。

（6）实际安装过程中，为防止电锁通、断电工作时反向电势干扰控制器。建议安装时在电锁的正负极上并接续流二极管，以消除反向电势干扰，如图 4-39 所示。

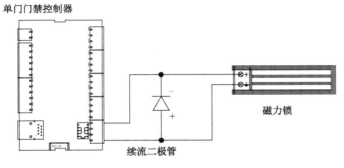

图 4-39　接续流二极管保护电路

（7）如果电锁的功耗大于继电器触电容量（一般控制器最大允许通过触点容量为 30V DC/1A）时，要使用中继器进行隔离，接线如图 4-40 所示。

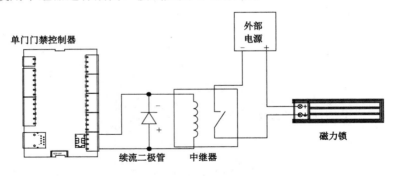

图 4-40　中继器保护电路

3．任务步骤

（1）将锁具安装在指定位置上。

（2）将门禁控制器安装在指定的控制箱内。

（3）完成电插锁与门禁控制器的连接。

（4）电插锁采用内部供电方式工作。

（5）按图 4-41 连线。

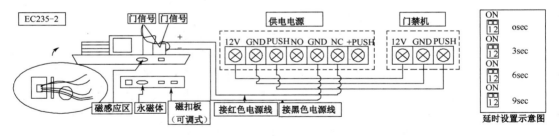

图 4-41　电插锁连线图

（6）老师检查无误后通电，检测电插锁通电与断电的状态，分别用万用表测试正负端的电压值，填入表 4-5 中。

表 4-5　测量电插锁输出端电压值

电插锁输出端电压值	通电	断电
U		

（7）分别使用门禁控制系统的超级密码与出门按钮开门。

（8）编写施工与调试说明书。

4.4　磁力锁与门禁控制器施工与调试

1．磁力锁的接口

磁力锁除了电源线外，有些磁力锁是带门状态（门磁状态）输出的，仔细观察接线端，除电源接线端子外，还有 COM、NO、NC 三个接线端子（图 4-42），这些接线端子的作用可以根据当前门是开着还是关着，输出不同的开关信号给门禁控制器作判断。例如，门禁的非法闯入报警，门长时间未关闭等功能都依赖这些信号作判断。如果不需要这些功能，门状态信号端子可以不接。

图 4-42　磁力锁内的接线端

2．磁力锁的安装与管线布置

磁力锁安装示意图如图 4-43 所示。磁力锁管线布置图如图 4-44 所示。

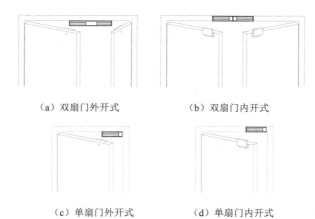

（a）双扇门外开式　　　　　（b）双扇门内开式

（c）单扇门外开式　　　　　（d）单扇门内开式

说明：
① 双开玻璃门一般采用电插锁，单开门最好采用磁力锁。
② 磁力锁的稳定性与安全性均高于电插锁，但价格较高于电插锁。
③ 电磁锁安装好后用力拉动时以拉不开为正常，但是要注意安装时与锁体要吻合，吸铁不要安装得过紧，否则会影响拉力。

图 4-43　磁力锁安装示意图

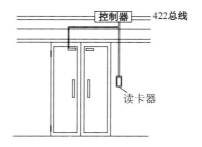

图 4-44　磁力锁管线布置图

4.4.1 磁力锁与门禁控制器施工与调试方法

1. 磁力锁的安装方法

磁力锁的安装形式可分为内置式安装与外置式安装两种。内置式安装是指磁力锁安装时嵌藏在门框内，使其与门成为一个整体；外置式安装是指磁力锁安装在门框外面，选用时对尺寸要求不是很严格。

磁力锁适用于木门、铁门、铝合金门、不锈钢门和玻璃门等。

优点：性能比较稳定，返修率会低于其他电锁。安装方便，不用挖锁孔，只用走线槽，用螺钉固定锁体即可。

缺点：一般装在门外的门槛顶部，而且由于外露，美观性和安全性都不如隐藏式安装的电插锁。价格和电插锁差不多，有的会略高一些。

由于吸力有限，通常的型号是抗拉力 280kg 的，这种力度有可能被多人同时，或者力气很大的人忽然用力拉开。所以，磁力锁通常用于办公室内部一些非高安全级别的场合。否则要定做抗拉力 500kg 以上的磁力锁。

磁力锁安装步骤如下。

① 在门框上角下沿适当位置先安装磁力锁，将磁力锁引线穿出，接上控制线路。

② 将吸附板安装在垫板上，然后将吸附板工作面与电磁力锁铁心工作面对准，磁力锁接通电源，将吸附板吸合在磁力锁上。

③ 将门扇合拢，把吸附板垫板正确的位置画在门扇上，再把吸附板垫板固定在门扇上。

④ 调节吸附板与磁力锁之间的距离，使吸附板与磁力锁铁心工作面全面、良好、紧密接触。调节方法，可用增减吸附板中心紧固螺栓的垫圈数，使吸附板与安装垫板之间的距离发生变化而达到安装目的。

2. 磁力锁在不同材质门上的安装

磁力锁安装方法如图 4-45～图 4-49 所示。

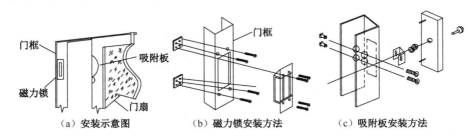

（a）安装示意图　　　　（b）磁力锁安装方法　　　　（c）吸附板安装方法

图 4-45　磁力锁在推拉玻璃门上的安装方法

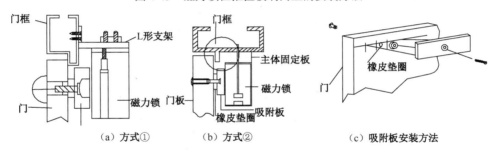

（a）方式①　　　　　（b）方式②　　　　　（c）吸附板安装方法

图 4-46　磁力锁在铝合金门上的安装方法

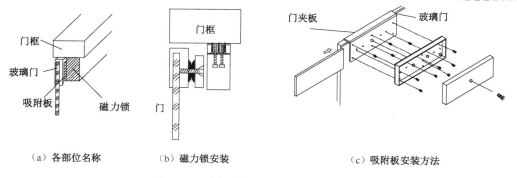

（a）各部位名称　　　　（b）磁力锁安装　　　　（c）吸附板安装方法

图 4-47　磁力锁在玻璃门上的安装方法

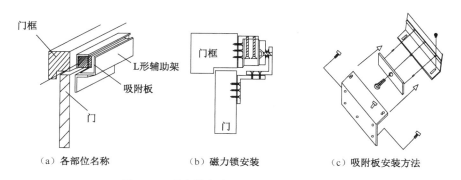

（a）各部位名称　　　　（b）磁力锁安装　　　　（c）吸附板安装方法

图 4-48　磁力锁在内开木门上的安装方法

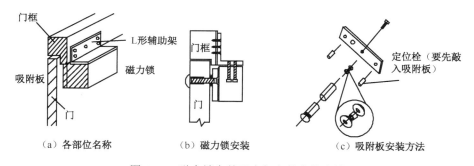

（a）各部位名称　　　　（b）磁力锁安装　　　　（c）吸附板安装方法

图 4-49　磁力锁在外开木门上的安装方法

4.4.2　磁力锁与门禁控制器施工与调试实训

1．设备、器材

磁力锁 1 个，线材若干，电源 1 个，工具包 1 套，门禁控制器 1 套。

2．磁力锁与门禁控制器施工与调试实训引导文

1）实训目的

（1）通过锁具的安装，能够按工程设计及工艺要求正确安装锁具，并完成锁具与控制器的连接。

（2）对设备的安装质量进行检查。

（3）编写安装说明书。

2）必备知识点

（1）掌握磁力锁的供电方式。

（2）会正确安装磁力锁。

（3）会正确安装控制器。

（4）会正确完成磁力锁与控制器的连接。

3）施工说明

（1）施工前的准备

检查锁具和门禁控制器安装位置的现场情况，检查其外观，无瑕疵、划痕等。

（2）施工与调试

① 将磁力锁安装于指定位置。

② 使用规定线材完成磁力锁与控制器的连接。

③ 完成锁具和控制器的供电连接。

4）施工注意事项

（1）安装前应认真阅读安装说明书。

（2）安装外开式磁力锁继铁板的时候，不要把它锁紧，让其能轻微摇摆以利于和锁主体自然的结合。

（3）不要在继铁板或锁主体上钻孔；不要更换继铁板固定螺丝；不要用刺激性的清洁剂擦拭电磁锁；不要改动电路。

（4）配件包内的橡皮圈一定要安装在吸板与门之间，使关门时吸收冲撞力和平衡两者之间的接触。

3．任务步骤

（1）将锁具安装在指定位置上。

（2）将门禁控制器安装在指定的控制箱内。

（3）完成磁力锁与门禁控制器的连接。

（4）磁力锁采用内部供电方式工作。

（5）按图 4-50 连线。

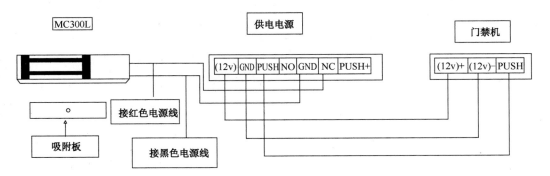

图 4-50　磁力锁连线图

（6）老师检查无误后通电，检测磁力锁通电与断电的状态，分别用万用表测试正负端的电压值，填入表 4-6 中。

表 4-6　测量磁力锁输出端电压值

磁力锁输出端电压值	通电	断电
U		

（7）编写设备安装报告书。

4.5　门禁管理软件的使用

4.5.1　门禁管理软件介绍

　　门禁管理软件通常配合门禁系统使用，是集中管理平台重要组成部分，为管理人员提供直观的、图形化的界面，方便操作。

　　门禁管理软件的开发一般都是根据用户的需求进行设计的，其设计开发过程遵循模块化和结构化的原则，采用模块化的自顶向下的设计方法，既讲究系统的一体化和数据的集成管理，又注意保持各模块的独立性，模块间接口简单，同时预留接口以适应将来的变化和升级，以满足用户对系统功能的扩展。

　　门禁管理软件是通过对设置出入人员的权限来控制通道的系统，它在控制人员出入的同时可以对出入人员的情况进行记录和保存，在需要用的时候可以查询这些记录，所以门禁一般包含以下几个功能模块：系统管理、权限管理、持卡人信息管理、门禁开门时段定义、开门记录信息管理、实时监控管理（安防联动需求）、系统日志管理、数据库备份与恢复等，如图 4-51 所示。

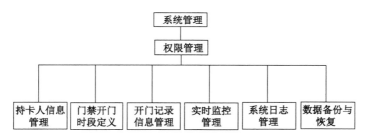

图 4-51　门禁管理软件功能

　　门禁管理软件一般包括服务器、客户端和数据库 3 部分，门禁管理系统软件主要有以下功能。

　　（1）系统管理功能：包括设置计算机通信参数，用户使用资料输入，数据库的建立、备份、清除，权限设置等部分，主要用来管理软件系统。

　　（2）卡片管理功能：包括发卡、退卡、挂失、解挂等功能，用于对卡片进行在线操作。

　　（3）记录管理功能：用于给管理者查询操作记录，并包括各种记录的检索、查找、打印、排序、删除等功能。

　　（4）门禁管理功能：用于操作者下载门禁的运行参数、用户数据、检测门禁状态操作。

　　一般来讲，门禁管理软件都是和相应的门禁控制器配套使用的，因为各门禁控制器生产商控制信号格式、通信协议都是私有的，没有统一的标准，所以只有相应的硬件厂商才能开发出与其相配套的管理软件。现在市场上也出现了一种通用的门禁管理软件，其主要是通过硬件接口和一个中间层实现对不同门禁硬件的管理，但此类管理软件价格较高。

本节使用广州致远的 MDoor 智能门禁管理软件，该软件是基于 Windows 运行的系统，其具有友好的图形界面，功能强大而又不失方便易用，数据库采用 Microsoft Access 或 SQLServer2000，具备分层管理架构。该系统支持各种系列的智能门禁控制器的管理，包括基于 TCP/IP 通信协议的门禁控制器、基于 RS232/RS485 通信协议的门禁控制器、基于 CAN 总线通信协议的门禁控制器、基于 NetCom 通信协议的门禁控制器等。通过对多种不同类型的门禁控制器的管理，实现了门禁系统的多样化选择和配置。同时集成了视频监控功能。

4.5.2 门禁管理软件的安装

MDoor 软件的安装方便、简单、快捷。MDoor 的安装可按照向导一步步进行。安装好后启动界面，双击桌面上的图标，如图 4-52 所示，将启动 MDoor 软件。系统进行初始化，显示如图 4-53 所示的【登录】对话框。注意，如果是 Access 数据库，Admin 的默认密码是空；如果是 SQL Server 2000 数据库，Admin 的默认密码是 Admin。主界面由菜单栏、工具栏、功能栏、工作区、显示区组成，如图 4-54 所示。MDoor2.0 软件强大的菜单功能使用户能进行各种操作，各项操作亦可以通过工具栏上的快捷功能图标来完成。

图 4-52　图标

图 4-53　"登录"对话框

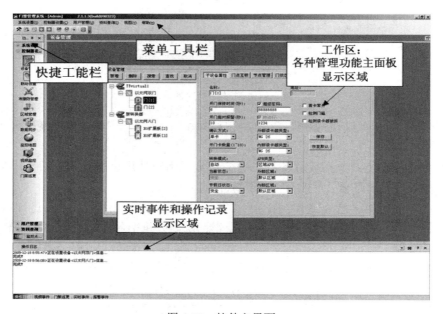

图 4-54　软件主界面

4.5.3　门禁管理软件的使用

一般而言，门禁管理软件主要完成如下功能，如图 4-55 所示。

1）添加控制器

添加控制器一般有两种方法：搜索以太网控制器和在 MDoor 中添加控制器。

在添加控制器之前必须保证操作电脑与控制器是在同一个网段。

（1）搜索以太网控制器。在主界面执行【控制器设置】→【设备管理】命令，出现如图 4-56 所示的界面。

① 添加转换器，转换器就是控制器与 PC 通信的通道。在"设备管理"的界面单击【新增】按钮，如图 4-57 所示（一般使用默认即可）。

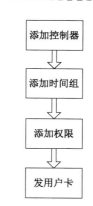

图 4-55　门禁管理软件的基本功能

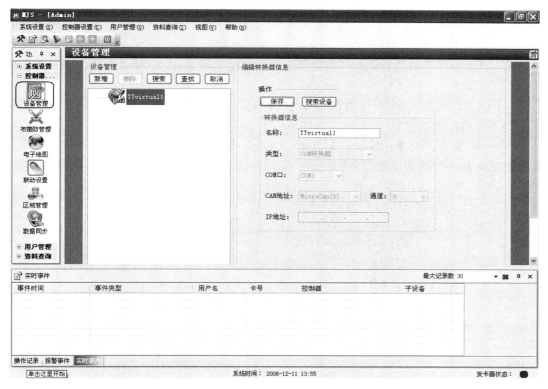

图 4-56　设备管理界面

图 4-57　添加转换器

② 搜索控制器。根据图 4-58 的提示,将网络上所有的门禁控制器搜索出来。

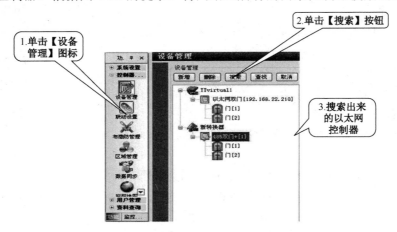

图 4-58　搜索提示

（2）在 MDoor 中添加控制器。MDoor 软件只支持在线单台设备操作,若同一控制器被两台计算机同时搜索会出现软件使用不正常现象,因此在实训过程中要求每一台计算机只搜索一台控制器,避免用网络将所有设备搜索到同一台计算机的现象,这就要求在软件中单独添加控制器。

选择图 4-57 所示的【添加设备】选项,使用 TCP/IP 协议的转换器,查看右侧的添加新设备栏,输入要增加的控制器 IP 地址,子网掩码为 255.255.255.0,网关与计算机同一网关,密码为 8888888。设置完成单击【保存】按钮,该设备将显示在左侧窗口,单击右侧的【搜索子设备】按钮,右侧控制器下将会出现门点,如图 4-59 所示。

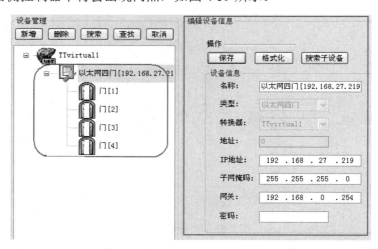

图 4-59　搜索控制器

2）添加时间组

门禁系统最基本的功能就是限制人员的出入,即指定用户在什么时候可以打开什么门,必须由限定时间和限定能开的门决定。

设置时间组是为了限制用户通行的时间。时间组包括:限制年、月、日、时、分、秒,还可限制星期几,可灵活选择。

执行【用户管理】→【时间组管理】命令。将弹出如图 4-60 所示的时间组管理界面。

图 4-60　时间组管理界面

按照图 4-61 的步骤完成时间组的设置。

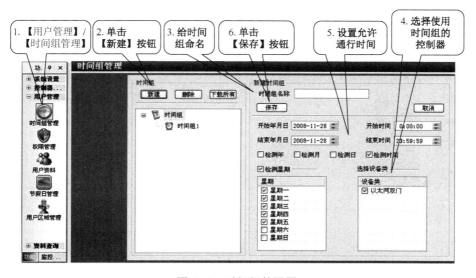

图 4-61　时间组的设置

3）添加权限

添加权限：就是指定用户可以打开什么门，且它必须与时间组相结合；设置完时间组和权限这样就设置好了门禁的两个要素。

执行【用户管理】→【权限管理】命令。将弹出如图 4-62 所示的权限管理界面。

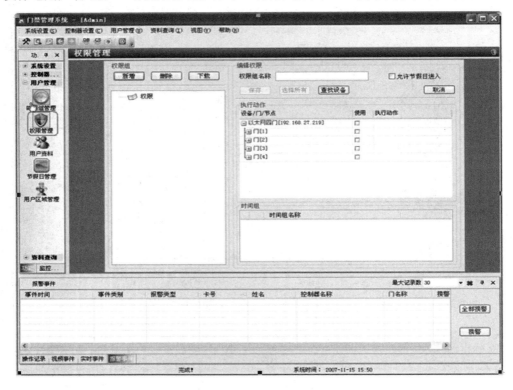

图 4-62 权限管理界面

按照图 4-63 的步骤设置权限。

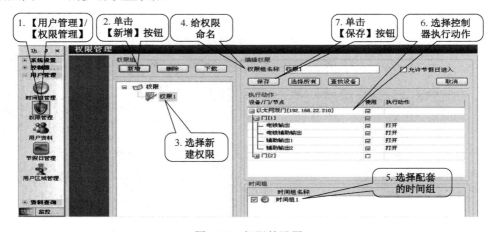

图 4-63 权限的设置

4）添加用户资料

添加用户资料包括卡号、工号、失效时间、照片等。

添加卡号有发卡器发卡、读卡器发卡、手工填入卡号 3 种方式。

在【用户资料】选择该用户的权限，即该人可以在什么时候打开什么门。

（1）设置发卡方式。打开【系统设置】/【系统参数设置】窗口，发卡可以选用控制器发卡和发卡器发卡，如图 4-64 所示。一般默认使用控制器发卡方式。

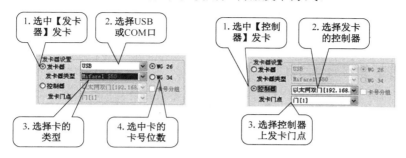

图 4-64　发卡方式选择

（2）发用户卡。按图 4-65 步骤完成用户卡的发放。卡号的获取可通过任意一台读卡器进行读卡识别后手工输入。

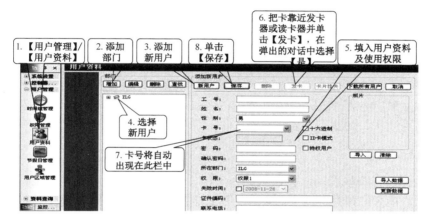

图 4-65　发用户卡

5）资料查询

资料查询的作用：可以方便查阅过去的信息并整理出表格。可查询用户的登记信息、刷卡记录、发卡记录、权限查询、开门记录、事件记录、报警事件等。

资料查询使用步骤如图 4-66 所示。

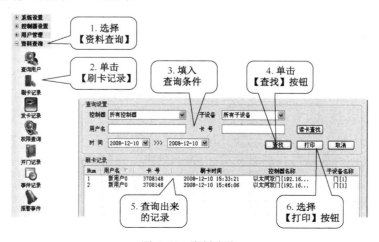

图 4-66　资料查询

（1）设置查询条件。

（2）单击【查询】按钮，查找出相应记录。

（3）可导出电子文件，或有选择的打印。

4.5.4　门禁管理软件使用实训

1．设备添加

使用添加控制器的方式在操作计算机上添加不和其他计算机重复的两台单门控制器。添加设备前确保控制器与计算机在同一网络。确保门禁控制系统的硬件连接完毕。

2．时间组与权限的添加

使用一台门禁控制器添加时间组，要求在工作日的 8:20～16:10 为有效时间组。节假日无效。

权限的设置为在上述时间组内可以打开前面添加完毕的两台单门门禁控制器的门。

3．资料的添加与发卡

以某公司的企划部、人力资源部、生产部、厂务部为例，输入相应的用户资料，实现至少两张卡片的注册、注销、更改等操作。发卡完成后，验证其有效性，在读卡器上刷已发卡片，观看继电器是否动作，门是否开启。

4．历史资料查询

利用该软件进行资料查询，会设置查询条件，会导出查询资料的电子文件等。查找的资料信息包括用户的登记信息、读卡记录、发卡记录、权限查询、开门记录、事件记录、报警事件等。

综合实训

1．实训目的

在掌握门禁控制系统设备的施工与调试的基础上，会熟练使用门禁软件，以某公司的企划部、人力资源部、生产部、厂务部为例，输入相应的用户资料，实现卡片注册、注销、更改等操作；实现门点互锁、多卡开门、防返潜（APB）功能。

2．实训内容

以某公司的企划部、人力资源部、生产部、厂务部为例，输入相应的用户资料（不少于20人），实现卡片注册、注销、更改等操作；实现门点互锁、多卡开门、防返潜（APB）功能。

（1）门点互锁。针对双门控制器或 4 门控制器操作，即设置同一控制器内，门点间门锁互锁，任一时刻仅允许一个门点开门，某一门点开门（门锁打开或门磁打开）期间不允许其他门点打开。如图 4-67 所示。

（2）多卡开门。最多选择 10 张卡来刷卡开门，一般用在，如银行等保密性较高的场所。实现多卡开门一定要确认方式设置为多卡；然后设置开门卡数量（最多 10 张）。

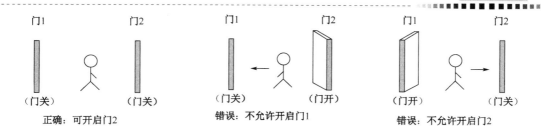

图 4-67　门点互锁示意图

（3）防返潜作用。规定了用户进出的路线，若用户不按规定路线进出将受到限制。

防返潜有双向 APB、区域 APB、防尾随 3 种。双向 APB 指实现门点双向刷卡，只允许持卡人按照一进一出的顺序进出；区域 APB 指空间划分成多个区域，并规定了用户的进出路线；防尾随指在实现区域 APB 功能的基础上，在开下一道门时，会检测上道门是否关闭，只有上道门关闭了，才能打开下一道门。

例：控制器 APB 类型设为"双向 APB"，双向 APB 布局如图 4-68 所示。

出行路线：外部读卡器—内部读卡器—外部读卡器—……，不按照以上路线进出将受限制。

例：控制器 APB 类型设为"区域 APB"，各门点出入布局如图 4-69 所示，门点 1～4 组成区域 APB 功能。图中（外）、（内）指的是门点外部读卡器与内部读卡器。

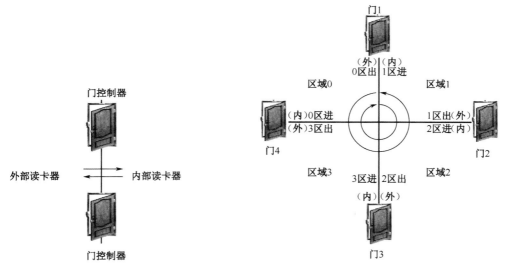

图 4-68　双向 APB 布局　　　　图 4-69　区域 APB 各门点出入布局

区域 APB 路线如表 4-7 所示。

表 4-7　区域 APB 路线

门　点	退 出 区 域	进 入 区 域
门点 1	0	1
门点 2	1	2
门点 3	2	3
门点 4	3	0

出行路线 1： 门点 1（0 区）—门点 2（1 区）—门点 3（2 区）—门点 4（3 区）—门点 1（0 区）—……；

出行路线 2： 门点 4（0 区）—门点 3（3 区）—门点 2（2 区）—门点 1（1 区）—门点 4（0 区）—……。

由于区域 APB 可实现线路折返，因此具有以上两条线路，若不按以上路线出入将受限制。

3．实训设备、器材

单门控制器 1 台，双门控制器（或四门控制器）1 台，磁力锁 1 套，门禁软件 1 台，线材 1 台，出门按钮 1 个，读卡器 1 台，发卡器 1 台，网线若干，线材若干，工具包 1 套。

4．实训步骤

（1）绘制公司企划部、人力资源部、生产部、厂务部平面示意图（可考虑在同一楼层）。

（2）使用门禁软件构建各个部门与员工信息。

（3）使用门点互锁功能，按图 4-70 实现门禁互锁。

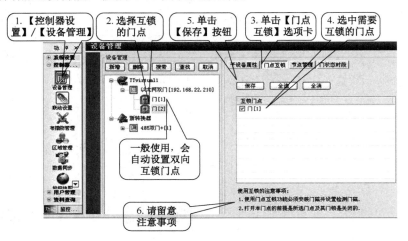

图 4-70　门点互锁步骤

（4）实现多卡开门，任意选择控制器门点，实现最少 3 张卡开门，操作如图 4-71 所示。

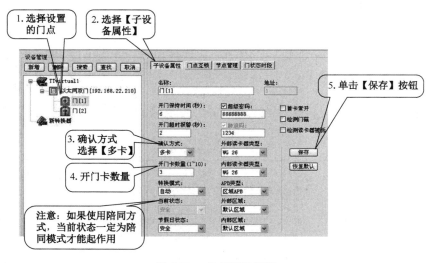

图 4-71　多卡开门步骤

（5）实现防返潜作用，完成双向 APB，即一进一出顺序进出。操作步骤如图 4-72 所示。

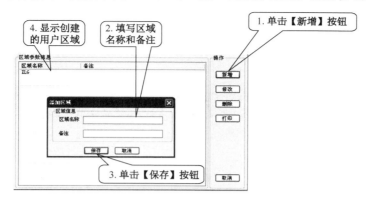

（a）创建用户区域

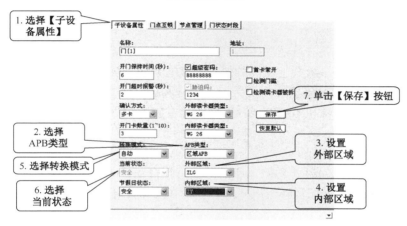

（b）设置 APB 类型及区域

图 4-72　双向 ABP 步骤

（6）分别验证试验结果。

（7）编写综合实训报告。

习题

1. 简述门禁控制器在整个系统中的地位和作用。
2. 简述门禁控制系统组成设备。
3. 简述阴极锁与阳极锁的区别？
4. 锁具的供电模式有几种，它们有什么区别？
5. 简述门禁管理软件安装流程。
6. 如何完成新用户的发卡过程？
7. 如何查找时间记录文件，并导出？

第 5 章

停车场管理系统设备的工程施工与调试

学习要点

（1）学习停车场管理系统的组成，熟悉其工作流程，掌握系统设备施工工艺与调试方法。

（2）学习停车场设备装置与控制器的使用，掌握系统常规施工工艺与调试方法。

（3）能熟练掌握系统设备接线、安装施工方法和调试技术，能根据工程设计文件安装设备；检测施工后的施工质量和系统功能；按停车场控制系统性能指标要求对系统进行调试。

停车场管理系统是指对进、出停车库的车辆进行自动登录、监控和管理的电子系统或网络，它是安全技术防范领域的重要组成部分，主要由入口控制部分、出口控制部分、库内监控部分、中心管理/控制部分及相应的软件构成。如图 5-1 所示。注意简单的停车库管理系统不设监控部分。

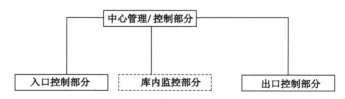

图 5-1　停车场管理系统的组成

（1）入口控制部分。由数据特征识读装置、前端控制单元和执行（锁定）机构 3 部分组成，根据安全与管理需要，还应配置自动发卡装置、识读结果和车辆引导指示装置，有条件的还可增加图像监控系统和对讲设备等。

（2）出口控制部分。与入口控制部分相似，也有数据特征识读装置、前端控制单元和执行（锁定）机构 3 部分组成，但配套设备不同，如有自动收卡设备、收费指示设备等。

（3）停车场监控。在高安全要求的场所，应设置监控系统对停车场的出入口、行车道和停车区域进行实际监控。也可根据实际使用需要，建立专门的图像识别系统。

（4）中心管理/控制部分。主要完成系统参数设置、各类授权、事件/记录/存储/报表生成、报警、联动等功能。

5.1　道闸与票箱的施工与调试

1．停车场管理系统功能概述

停车场管理系统，如图 5-2 所示，于停车场出入口，自动完成读卡、吐卡、出票、语音提示、检测车辆等功能，为业主及访客停车更便捷、安全而设立的系统。停车场管理系统通常具备下列功能：计时收费功能、不停车开闸功能、车辆比对功能、空位引导功能、反向寻车功能、自助缴费功能。

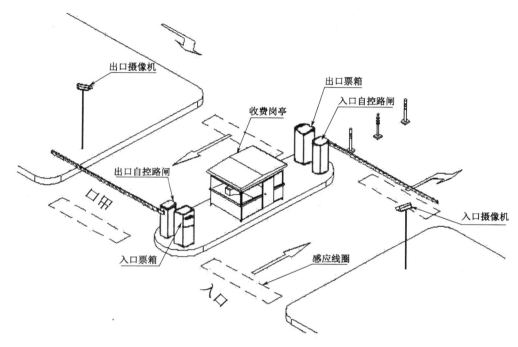

图 5-2　停车场管理系统示意图

2．停车场管理系统工作流程

1）停车场入口工作流程

停车场入口工作流程如图 5-3 所示。当有经过遥感盘授权的车辆直接驶入停车库时，先注意车库入口处的满位显示屏，当车位余数非零时，车辆可以进入；否则，司机必须驾车去本小区的其他停车库区。

固定停车客户可以将遥感盘贴在挡风玻璃的内侧，持固定卡车辆的驾驶员将车驶至入口 3～10m 处，读卡天线感应车辆上的卡且自动读卡，读卡有效抬闸进入，同时摄像机启动拍摄车辆图片，值班室计算机自动核对、记录，并显示车牌。感应过程完毕，发出"嘀"的一声，过程结束；道闸自动升起，汉字显示屏会显示礼貌用语："欢迎入场"，同时发出语音；若读卡有误，汉字显示屏也会显示原因，如"金额不足""此卡已作废"等；司机开车入场，进场后道闸自动关闭。

临时泊车司机将车开至入口票箱前，司机按动位于读写器盘面的出卡按钮并取卡（自动完成读卡，将车牌号读进卡中）。感应过程完毕，发出"嘀"一声，读写器盘面的汉字显示屏显示礼貌用语，并同步发出语音，道闸开启，司机开车入场，进场后道闸自动关闭。

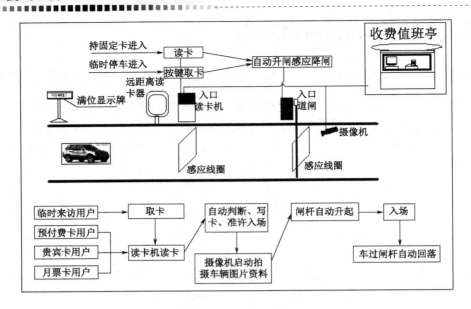

图 5-3 入口工作流程图

当发生消防报警时，进口处的闸门机全部关闭，任何车辆都不能打开闸门机（需要消防报警系统的支持）。

2）停车场出口工作流程

停车场出口工作流程如图 5-4 所示。持固定卡车辆的驾驶员将车驶至入口 3～10m 处，读卡天线感应车辆上的卡且自动读卡，读写器接受信息，计算机自动记录、扣费，并在显示屏显示车牌，供值班人员与实际车牌对照，以确保"一卡一车"制及车辆安全；感应过程完毕，读写器发出"嘀"的一声，过程完毕；读写器盘面上设的滚动式 LED 汉字显示屏显示字幕"一路顺风"同时发出语音，如不能出场，会显示原因；道闸自动升起，司机开车离场；出场后道闸自动关闭。

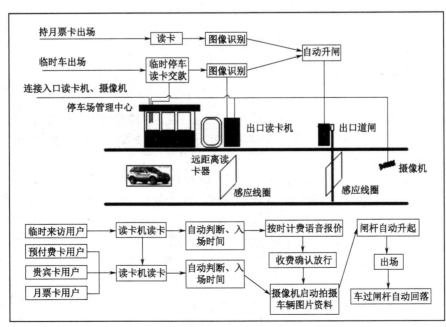

图 5-4　出口工作流程图

临时泊车司机将车开至出口票箱前，司机将 IC 卡放置在出口读写器前，读写器自动完成读卡，自动判断入场时间，并同步语音报价，交费后，道闸开启，司机开车出场，出场后道闸自动关闭。

5.1.1　道闸与票箱的施工与调试方法

1. 确定施工位置

道闸及读卡设备的摆放位置首先要确保车道的宽度，以便车辆出入顺畅，读卡设备距道闸距离至少 2.5m，以 3m 最佳，防止读卡时车头可能触到栏杆；对于地下停车场，读卡设备应尽量摆放在比较水平的地面，否则车辆在上下坡时停车读卡会比较麻烦，尤其要避免上坡刷卡；道闸上方若有阻挡物则需选用折杆式道闸。

安装道闸与票箱前确保浇筑的防水防撞的安全岛安装完毕，并在票箱机和道闸底座中部预埋铺设管线，然后用 4 个膨胀螺栓将票箱与道闸固定在安全岛上。

2. 确定岗亭与控制中心位置

1）确定岗亭的位置

对于没有临时车辆的停车场岗亭的位置视场地而定，或者根本就不设岗亭；对于有临时车辆的停车场岗亭一般安放在出口旁边，以方便收费。

岗亭内由于要安放控制主机及其他一些设备，同时又是值班人员的工作场所，所以对岗亭面积有一定要求，目前使用的最小岗亭是 1.2m 长×1.5m 宽×2.4m 高。

2）确定控制主机的位置

控制主机（即计算机）是整个停车场系统的核心控制单元，若停车场出入口附近设有岗亭，则安放在岗亭内；若没有岗亭则安放在中控室；但控制主机同出入口读卡设备的距离一般不超过 200m。

停车场系统设置参数：

（1）读卡机（中心距离）与道闸（中心距离）>2.5m；

（2）管理计算机（一般放置在停车场管理岗亭内）至主机箱的距离<200m；

（3）摄像机安装高度：1～2.5m；

（4）地感线圈尺寸：2m（长）×0.8m（宽）；

（5）进出车道宽度：>3m；

（6）设备安装基座尺寸：0.5m（长）×0.5m（宽）。

5.1.2　道闸与票箱的施工与调试实训

1. 设备、器材

道闸 1 台，吐卡机 1 台，控制主机 1 台，线材若干，工具包 1 套。

2. 道闸与票箱的施工与调试实训引导文

1）实训目的

（1）通过道闸与票箱的安装，能够按工程设计及工艺要求正确安装停车场管理设备，并完成道闸、票箱与控制器的连接。

（2）对设备的安装质量进行检查。

（3）编写安装说明书。

2）必备知识点

（1）掌握道闸与票箱的安装方式。

（2）正确完成道闸、票箱与控制器的连接。

3）施工说明

（1）施工前的准备

检查安装位置的现场情况，检查设备外观，无瑕疵、划痕等。

（2）施工与调试

① 将设备安装于指定位置。

② 使用规定线材完成道闸、票箱与控制器的连接。

③ 完成供电连接。

4）施工注意事项

（1）安装前应认真阅读安装说明书。

（2）道闸底面应与安装底面贴紧，并用水泥或其他防水材料将道闸底面与安装底面之间的缝隙填平、抹平。

（3）道闸、票箱应安装牢固，垂直度和水平倾斜度不应大于1°。

（4）票箱安装高度宜为底边距车道平面1m，以方便司机读卡。

（5）票箱安装在室外，应采取防水措施。

3. 任务步骤

（1）将票箱与道闸安装在指定位置上。

（2）将控制器安装在指定的控制箱内。

（3）完成道闸与票箱和控制器的连接。

（4）按图5-5连线。

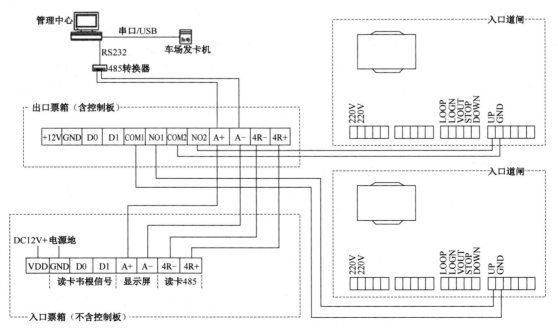

图5-5　接线示意图

（5）编写设备安装报告书。

5.2 车辆检测器的工程施工与调试

1. 车辆检测器的类型

常用的车辆检测器有环形线圈式车辆检测器、波频车辆检测器、视频检测器、红外光闸等。

1）环形线圈式车辆检测器（地感）

环形线圈检测器是传统的交通检测器，一般埋设在路面下，当地感线圈通电后，在线圈周围产生一个电磁场，当车辆（金属）驶过时，其金属体使线圈发生短路效应，地感线圈周围电磁场产生变化，变化的磁场经放大、判断后成为车辆进入的识别信号。

2）波频车辆检测器（悬挂式检测系统）

波频车辆检测器是以微波、超声波和红外线等对车辆发射电磁波产生感应的检测器，是一种价格低、性能优越的交通检测器，以微波车辆检测器（RTMS）为例，它可广泛应用于城市道路和高速公路的交通信息检测。其工作原理：根据特定区域的所有车型假定一个固定的车长，通过感应投影区域内的车辆的进入与离开经历的时间来计算车速。一台 RTMS 侧挂可同时检测 8 个车道的车流量、道路占有率和车速。

3）视频检测器

视频车辆检测器是通过视频摄像机作传感器，在视频范围内设置虚拟线圈，即检测区，车辆进入检测区时使背景灰度值发生变化，从而得知车辆的存在，并以此检测车辆的流量和速度。

4）红外光闸

采用主动红外线检测方式，由发射、接收两部分组成。红外光闸车辆检测器安装在车道入口两旁，没有车辆时接收机接收发射机发射的红外光；当有车辆进入时，车辆阻断红外光线，接收机发出车辆进入的识别信号。

2. 车辆检测器优缺点

1）环形线圈

技术成熟，易于掌握，并有成本较低的优点。但存在以下问题。

（1）环形线圈在安装或维护时必须直接埋入车道，这样交通会暂时受到阻碍。

（2）埋置线圈的切缝软化了路面，容易使路面受损，尤其是在有信号控制的十字路口，车辆启动或者制动时损坏可能会更加严重。

（3）感应线圈易受冰冻、路基下沉、盐碱等自然环境的影响。

（4）感应线圈由于自身的测量原理所限制，当车流拥堵，车间距小于 3m 的时候，其检测精度稍有下降，有些厂商的产品甚至无法检测。

2）波频车辆检测器

RTMS 的测量方式在车型单一，车流稳定，车速分布均匀的道路上准确度较高，但是在车流拥堵及大型车较多、车型分布不均匀的路段，由于遮挡，测量精度会受到比较大的影响。另外，波频检测器要求离最近车道有 3m 的空间，如要检测第 8 车道，离最近车道也需要 7～9m 的距离而且安装高度达到要求。因此，在桥梁、立交、高架路的安装会受到限制，安装困难，价格也比较昂贵。

3）视频检测器

有着直观可靠，安装调试维护方便，价格便宜等优点，缺点是容易受恶劣天气、灯光、阴影等环境因素的影响，汽车的动态阴影也会带来干扰，受恶劣天气正确检测率下降，甚至无法检测。受灯光、阴影等环境因素的影响误检率也大幅上升。

4）红外光闸

设备简单、安装方便，但是容易产出误探测。

5.2.1 车辆检测器的施工与调试方法

1．车辆检测器的施工

以环形线圈为例介绍其施工过程。

将线圈准备好，要及时埋设线圈，防止杂物掉入槽内。按如下步骤安装地感线圈。

（1）最好在清洁的线圈及引线槽底部铺一层 0.5cm 厚的细沙，防止天长日久槽底坚硬的棱角割伤电线。

（2）选择合适的线圈线，要求：线径大于 $0.5mm^2$ 的单根软铜线，外皮耐磨、耐高温，防水，如选择消防电线。

（3）在线圈槽中按顺时针方向放入 4～6 匝（圈）电线，线圈面积越大，匝（圈）数越少。放入槽中的电线应松弛，不能有应力，而且要一匝一匝地压紧至槽底。

（4）线圈的引出线按顺时针方向双绞放入引线槽中，在安全岛端出线时留 1.5m 长的线头。

（5）线圈及引线在槽中压实后，最好铺上一层 0.5cm 厚的细沙，可防止线圈外皮被高温熔化。

（6）用熔化的硬质沥青或环氧树脂浇注已放入电线的线圈及引线槽。冷却凝固后槽中的浇注面会下陷，继续浇注，这样反复几次，直至冷却凝固后槽的浇注表面与路面平齐。

（7）测试线圈的导通电阻及绝缘电阻，验证线圈是否可用。

2．车辆检测器的说明

闸道前的检测器是输给主机工作状态的信号，栏杆后的检测器实际上是与电动栏杆连在一起的，当车辆经过时起防砸作用。地感检测器也可以用于车位的检测信号输出使用。如图 5-6 所示。

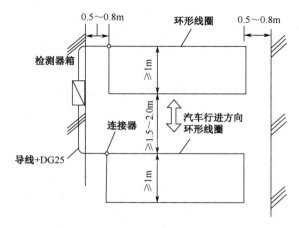

图 5-6 环形地感线圈

5.2.2　车辆检测器的施工与调试实训

1．设备、器材

环形地感线圈 1 套，控制主机 1 台，线缆若干，工具包 1 套，电感测试仪 1 台。

2．车辆检测器的施工与调试实训引导文

1）实训目的

（1）通过环形地感线圈的安装，能够按工程设计及工艺要求正确安装停车场管理设备，并完成其与地感线圈控制器的连接。

（2）对设备的安装质量进行检查。

（3）编写安装说明书。

2）必备知识点

（1）掌握环形地感线圈的安装方式。

（2）会正确完成环形地感线圈与控制主机的连接。

3）施工说明

（1）施工前的准备

检查安装位置的现场情况，检查设备外观，无瑕疵、划痕等。

（2）施工与调试

① 将设备安装于指定位置。

② 使用规定线材完成环形地感线圈与控制主机的连接。

③ 完成供电连接。

4）施工注意事项

（1）安装前应认真阅读安装说明书。

（2）绕制线圈时必须将感应线拉直，并贴紧槽底但不要绷得太紧。

（3）线圈在绕制过程中，应使用电感测试仪测试地感线圈的电感值，确保电感值在 $100\sim300\mu H$，否则应对线圈的匝数进行调整。

3．任务步骤

（1）完成在指定位置上环形地感线圈的安装。

（2）完成地感线圈与控制器的连线。

（3）检查无误后，通电。

（4）用模拟小车对系统进行调试。

（5）编写施工调试报告书。

习题

1．简述停车场管理系统的组成。

2．简述停车场管理系统出入口工作流程。

3．为什么要在出入口设置两个地感线圈，它们分别起什么作用？

4．常见的车辆检测器有哪些？各自有何优缺点？

5．上网查找资料，找出 5 种车辆管理系统的品牌，并列表对比。

第6章

电子巡更系统设备的工程施工与调试

学习要点

（1）学习电子巡更（查）系统的组成，熟悉其工作流程，掌握系统设备施工工艺与调试方法。

（2）学习电子巡更（查）系统设备装置与控制器的使用，掌握系统常规施工工艺与调试方法。

（3）能熟练掌握系统设备接线、安装施工方法和调试技术，能根据工程设计文件安装设备；检测施工后的施工质量和系统功能；按停车场控制系统性能指标要求对系统进行调试。

电子巡更（查）系统是在一定的区域内定时由人（巡查人员）运用电子巡查设备，按规定的路线和地点进行安全检查的一种安全防范措施，是对保安巡查人员的巡查路线、方式及过程进行管理和控制的电子系统。目前在国内市场上常见的电子巡更产品有在线式、离线式两种形式。

6.1 离线式电子巡更系统设备的施工与调试

1. 离线式电子巡更系统组成

离线式电子巡更系统由信息标识、数据采集、数据转换传输及管理软件等组成。如图6-1所示。巡查人员采集到的巡查信息不能即时传输到管理终端的电子巡查系统。

使用时可方便设置巡查点、随时改变巡查点的位置，设计灵活，巡查点可随时变动或增减而无须布线，缺点是巡查信息不能及时传送到监控中心。

图 6-1　离线式电子巡更系统

2. 离线式电子巡更系统工作流程

离线式电子巡更系统在巡更线路上设定一系列合理的检测点，安装感应式 IC 卡（即巡更点），将巡更点安放在巡逻路线的关键点上，保安在巡逻的过程中用随身携带的巡更棒读取自己的人员点，然后按线路顺序读取巡更点，在读取巡更点的过程中，如发现突发事件可随时读取事件点，巡更棒将巡更点编号及读取时间保存为一条巡逻记录。定期用通信座（或通信线）将巡更棒中的巡逻记录上传到计算机中。管理软件将事先设定的巡逻计划同实际的巡逻记录进行比较，就可得出巡逻漏检、误点等统计报表，通过这些报表可以真实地反映巡逻工作的实际完成情况。

3．电子巡查的实现方法

（1）在巡查区域内合理规划出巡查线路。

（2）在巡查线路的关键地点设立巡查点。

（3）在每个巡查点适当位置安装巡查定位装置（巡更签到器），一般是巡更读卡机（或巡更钮）。

（4）巡查人员手持巡更手持机（或巡更棒）巡查，每经过一个巡查点必须在签到器处签到（用手持机读卡或用巡更棒轻触巡更钮），将巡查点的编码、时间记录到手持机（或巡更棒内）。

（5）通过相应的连接设备（数据传输器）将存储在手持机（或巡更棒）中的巡查信息转存到计算机中，以便系统管理人员通过相应的管理软件对各个巡查人员的巡查记录进行统计、分析、查询和考核。

6.1.1　离线式电子巡更系统设备的施工与调试方法

1．施工说明

在巡更线路上设定一系列合理的检测点，安装感应式 IC 卡（即巡更点），以 IC 卡读卡机作为巡更签到牌（即巡更器）。

根据巡更路线的长短设计巡更点的布置方案：每一个视线范围一个、每 100m 一个，重要或复杂地段地点必须埋设巡更点。

巡更器的配置原则上每条巡更路线分三班巡逻，每班一套感应巡更器，该设置可根据实际情况而定。

正确安装软件，将巡更路线上的每个巡更点的号码所对应的实际地点描述在软件中，对应设置好，注意一定不要设置错误，否则将来统计查询将会出错。

2．施工步骤

（1）检查信息按钮安装位置。根据前端设备平面布防图及安装部位表等技术文件，检查信息按钮安装位置的现场情况，拟定适当的安装位置。

（2）安装信息按钮。

① 在安装墙面或固定件上用记号笔标记信息按钮安装孔位。

② 用冲击钻在安装孔位上打孔。

③ 将适宜的塑料胀管塞入，使塑料胀管入钉孔与安装面平齐。

④ 将信息按钮固定孔与安装孔对正，用自攻螺钉将信息按钮固定在安装面上。

6.1.2 离线式电子巡更系统设备的施工与调试实训

1. 设备、器材

信息按钮1个，巡更器1个，通信座1台，螺钉若干，管理计算机1台，工具包1套。

2. 离线式电子巡更系统设备的施工与调试实训引导文

1）实训目的

（1）通过信息按钮的安装，能够按工程设计及工艺要求正确安装离线式电子巡更系统设备。

（2）对设备的安装质量进行检查。

（3）编写安装说明书。

2）必备知识点

掌握信息按钮的安装方式。

3）施工说明

（1）施工前的准备

检查安装位置的现场情况，检查设备外观，无瑕疵、划痕等。

（2）施工与调试

① 将设备安装于指定位置。

② 会使用巡更器读取信息按钮。

4）施工注意事项

（1）安装前应认真阅读安装说明书。

（2）信息按钮尽可能均匀分布在巡查路线上，并确保不漏巡，安装位置方便巡查人员识读。

（3）信息按钮安装应牢固，安装高度宜为1.4m。

3. 任务步骤

（1）领取信息按钮、巡更棒等设备与工具。

（2）设定巡更路线。在指定位置上安装信息按钮。

（3）使用巡更棒进行验证操作，最后在通信底座上读取巡更棒信息并进行记录。

（4）编写施工说明书。

6.2 在线式电子巡更系统设备的施工与调试

1. 在线式电子巡更系统

在线式电子巡查系统组成如图6-2所示。识读装置通过有线或无线方式与管理终端通信，使采集到的巡查信息能即时传输到管理终端的电子巡查系统。在线巡更与离线巡更相比具有实时性高的特点。

2. 在线式电子巡更系统工作流程

在线式电子巡查系统常与出入口控制系统联合设置，联网控制型出入口控制系统大多拥有电子巡查管理模块。

图 6-2　在线式电子巡查系统的组成图

　　某出入口控制系统将识别的感应卡片设置为出入卡和巡更卡，应用系统中所有的出入口识读点都可设置为巡查点。还可根据安全管理需要，在某些点仅设置巡查点而不设置出入口识读点，巡查现场的现场识读装置可以是出入口控制系统的识读控制器，也可以是电子巡查系统的专用设备。

6.2.1　在线式电子巡更系统设备的施工与调试方法

1．施工说明

　　在巡更线路上设定一个合理的检测点安装感应式 IC 卡读卡机，巡查点的数量根据现场需要确定巡查点的设置，应以不漏巡为原则，安装位置应尽量隐蔽。

　　宜采用计算机产生巡查路线和巡查间隔时间的方式，在规定时间内，指定巡查点未发出到位信号时，应发出报警信号。

2．施工步骤

　　参考第 4 章"读卡器施工"。各设备间要有清楚的标识，设备的连线以隐蔽工程连接。

6.2.2　在线式电子巡更系统设备的施工与调试实训

1．设备、器材

IC 卡读卡机 1 个，巡更卡 1 个，管理计算机 1 台，工具包 1 套。

2．在线式电子巡更系统设备的施工与调试实训引导文

1）实训目的

（1）通过读卡器的安装，能够按工程设计及工艺要求正确安装在线式电子巡更系统设备。

（2）对设备的安装质量进行检查。

（3）编写安装说明书。

2）必备知识点

掌握读卡器的安装方式。

3）施工说明

（1）施工前的准备。检查安装位置的现场情况，检查设备外观，无瑕疵、划痕等。

（2）施工与调试。

① 将设备安装于指定位置。

② 会使用软件读取在线巡更信息。

4）施工注意事项

（1）安装前应认真阅读安装说明书。

（2）读卡器尽可能均匀分布在巡查路线上，并确保不漏巡，安装位置方便巡查人员识读。

（3）读卡器安装应牢固，安装高度宜为 1.4m。

（4）读卡器固定在预留安装盒上时，不得使用尖头螺钉，防止损坏安装盒内的线缆。

（5）配线管可选金属管、槽或阻燃 PVC 线槽，布线尽量隐蔽。

3. 任务步骤

（1）领取读卡器、卡片等设备与工具。

（2）设定巡更路线。在指定位置上安装读卡器。

（3）对卡片进行授权，使用卡片进行验证操作，最后在软件上读取巡更信息并进行记录。

（4）编写施工说明书。

习题

1. 描述在线式电子巡更系统的定义。
2. 描述在线式电子巡更系统的类型与组成。
3. 离线式、在线式电子巡更系统的区别。

第 7 章

安防子系统联动

学习要点

（1）掌握入侵报警、视频监控、门禁控制系统联动线路的连接。

（2）掌握系统联合调试方法与步骤。

（3）会根据工艺设计文件要求对分系统进行调试。

（4）掌握分系统之间的联动功能的实现和设置。

（5）能在调试中排除常见故障。

安防子系统的集成使闭路监控系统、入侵报警系统、门禁系统等可进行集中管理、互相联动。目前，安全防范子系统间的联动，有硬件实现方式及软件实现方式两种。硬件联动控制就是各子系统之间通过硬件电路进行，门禁或报警子系统所有产生的动作或报警（非法入侵、刷卡、按钮、开门超时、非法开门、锁开超时、非法卡等）通过硬件电路传给监控主机进行图像显示。软件联动控制是通过软件的集成，在平台上进行图像联动控制显示。硬件实现方式的优点是动作可靠、响应及时，缺点是成本较高，布线麻烦，在大项目及建筑群应用上尤其明显；软件实现方式成本较低，布线很少，但缺乏统一的管理软件及协议，需要二次开发及集成，受各集成商自身的水平、使用的产品、采用的技术影响。

7.1 入侵报警系统与视频监控系统的联动

7.1.1 功能概述

视频监控系统与入侵报警系统之间的联动，是指当某个防范区域的入侵报警探测器被触发，则与之联动的视频监控系统的前端设备会转向案件发生的位置，并开启录像功能，使相应的蜂鸣器响起。这样能及时知晓报警信息，做到自卫防备和实施他救，也就是报警系统被触发后，报警主机给一个信号到联动控制模块从而打开监控设备，监控主机一旦收到监控设备的报警信号，将通过软件预设或硬件输出一个开关量信号到对应的开关量输出通道，启动相应的设备开关。一般情况下是报警系统提供一个干结点，通过干结点连接到监控主机，联动其他设备。

根据安防系统的集成联动功能要求，任意一个防区报警，报警主机将按照事先预设的程序响应报警信号，如现场声光指示器给出声、光指示，报警主机调出报警所在防区的平面图，自动联动报警区域照明系统和实体防护屏障；同时将报警信号传送给闭路监控系统，在监视器上显示报警现场的图像，在相关的报警监视器组上显示出当前报警防区所有出入口的图像信号，封锁设防区域所有出入口；在保安值班人员确认报警信号不是误报之后，将报警信号发送给公安部门的报警中心。

当入侵报警系统中某一防区被触发报警，此防区对应位置的摄像机画面立刻会在监控室的相应监视器上被自动调出，同时自动录像机对报警图像进行实时录像；同时，还可定义报警防区周围的几个防区也同时进行摄像及录像，使保安人员在监控室就能对报警点及周围的情况一览无遗。

7.1.2 联动的实现

一般的报警联动是利用监控主机的报警接口，接入报警信号，有报警开关量信号传输给监控主机时，监控软件发送指令给前端的监控点录像，如果是高速球，则设置好预置位后在其轨迹内转到报警位置进行录像。

入侵报警系统与视频监控系统联动的硬件连线是将入侵探测器的报警输出信号接入视频监控系统的硬盘录像机的报警输入端实现的，如图7-1所示。

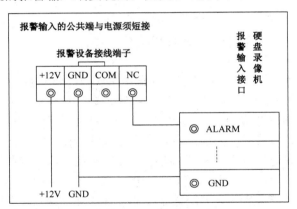

图 7-1　入侵报警系统与视频监控系统联动连线图

硬盘录像机 DVR 都带有 I/O 卡，用于采集开关信号的输入和联动控制输出。其开关量输入一旦开关合上，通过对 DVR 的软件设置，就可以控制摄像头的云台或者高速球跟随某一个开关输入进行联动，一旦发生报警，云台或者高速球就会旋转到软件指定的位置进行摄像。

报警主机一旦发现这些探测器有报警，该路继电器合上，给 DVR 提供一个开关闭合信号（相当于传感器报警），此时 DVR 会根据预先设置好的位置转动云台，对准发生报警的区域进行摄像。

在接线时，只要将继电器的输出直接接到 DVR 的开关量输入板上，此时，该继电器相对于 DVR 来说就相当于是一个传感器。

7.1.3 入侵报警系统与视频监控系统联动实训

1．设备、器材

主动红外探测器 1 对，紧急报警按钮 1 个，硬盘录像机 1 台，摄像机 1 台，线材若干，电源 1 个，工具包 1 套。

2．入侵报警系统与视频监控系统联动实训引导文

1）实训目的

（1）通过入侵报警系统与视频监控系统联动的实现，能够按工程设计及工艺要求正确完成两系统间设备的连线，进行参数设置，并掌握系统联动调试。

（2）编写联动调试说明书。

2）必备知识点

（1）入侵报警系统与视频监控系统联动的接线方法。

（2）掌握联动的调试方法

3）施工调试说明

（1）将入侵报警系统的设备接入视频监控系统。

（2）会使用硬盘录像机完成联动设置并调试。

3．任务步骤

（1）完成入侵报警系统设备的安装与视频监控系统的安装，并按图 7-1 完成入侵报警系统联动视频监控系统的硬件连线，将主动红外探测器与紧急报警按钮接入系统中；注意将报警灯接入硬盘录像机的报警输出端。

（2）分组，以组为单位进行课程练习。

（3）对硬盘录像机进行参数设置。

打开硬盘录像机执行【菜单】→【系统设置】→【报警设置】命令，出现如图 7-2 所示的窗口。

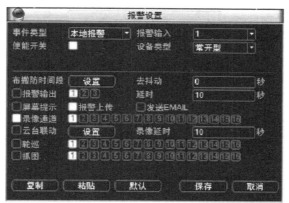

图 7-2　【报警设置】窗口

按照图 7-2 所列项目进行联动设置。

（4）完成表 7-1 内的联动设置。

表 7-1　联动设置表

序　　号	完成的联动设置要求	步　　骤	备　　注
1	【事件类型】设置为"本地报警"		
2	【报警输入】选择"1"与"2"报警通道		
3	选中【使能开关】		
4	【设备类型】选择"常闭型"		

续表

序　号	完成的联动设置要求	步　骤	备　注
5	布撤防时间段选择每个星期一到星期三的 8:00～10:00		
6	【报警输出】选择端口"1"		
7	报警延时 30s		
8	【录像通道】选择"1"与"2"		
9	对通道 1 的云台进行联动，按预制点联动		
10	录像延时 10s		
11	打开轮巡功能		

（5）触发联动报警功能，查看系统是否正常联动。

（6）调出联动录像观看是否正常。

（7）编出设备施工调试报告书。

7.2　门禁控制系统与视频监控系统的联动

7.2.1　功能概述

门禁控制系统与视频监控系统联动是为了便于监控人员发现各种非法事件并迅速定位出事件发生的地点而设计的。这种联动大致分为硬件联动和软件联动两种，所谓的硬件联动就是门禁和监控之间通过硬接点进行连接，门禁所有产生的动作或报警（刷卡、按钮、开门超时、非法开门、开锁超时、非法卡等）通过硬接点传给监控主机，进行图像的显示。软件联动即通过软件的集成，在平台上进行图像联动显示。

7.2.2　联动的实现

采用 MJS-180 门禁控制器与海康视频进行联动，MJS-180 门禁控制器构成的门禁系统可以与海康硬盘录像机联动。联动的硬件实现是从 MJS-180 门禁控制器的辅助输出端子上输出一路开关量到硬盘录像机的联动输入端。系统连线图如图 7-3 所示。

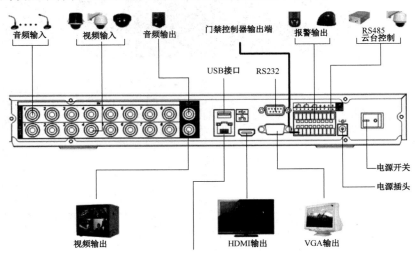

图 7-3　门禁控制系统与视频监控系统联动接线图

7.2.3　门禁控制系统与视频监控系统联动实训

1．设备、器材

MJS-180 门禁控制器 1 台，读卡器 1 个，硬盘录像机 1 台，摄像机 1 台，线材若干，电源 1 个，工具包 1 套。

2．门禁控制系统与视频监控系统联动实训引导文

1）实训目的

（1）通过门禁控制系统与视频监控系统联动的实现，能够按工程设计及工艺要求正确完成两系统间设备的连线，进行参数设置，并掌握系统联动的调试。

（2）编写联动调试说明书。

2）必备知识点

（1）门禁控制系统与视频监控系统联动的接线方法。

（2）掌握联动的调试方法

3）施工调试说明

（1）将门禁控制系统的设备接入视频监控系统。

（2）会使用硬盘录像机完成联动设置并调试。

3．任务步骤

（1）完成门禁控制系统设备的安装与视频监控系统的安装，并按图 7-3 完成门禁控制器联动视频的硬件连线。

（2）分组，以组为单位进行课程练习。

（3）添加视频监控设备。进入控制器设置/视频监控界面，在右上的摄像机管理栏中单击鼠标右键弹出如图 7-4 所示的对话框。

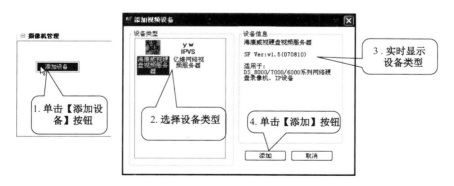

图 7-4　【添加视频设备】对话框

（4）设置视频监控设备参数。视频监控设备参数设置界面如图 7-5 所示。

（5）添加视频预览。添加视频预览界面如图 7-6 所示。

图 7-5　设置视频监控设备参数

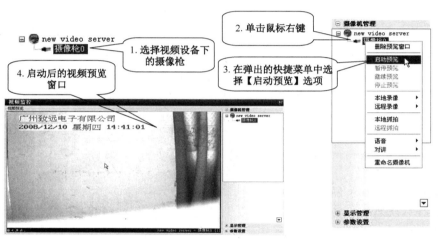

图 7-6　添加视频预览界面

（6）视频联动设置。视频联动设置如图 7-7 和图 7-8 所示。

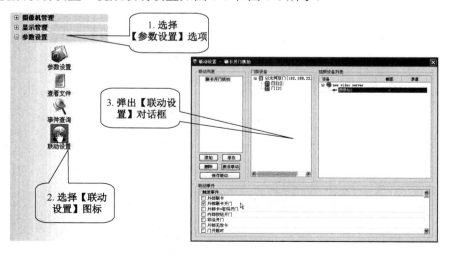

图 7-7　视频联动设置

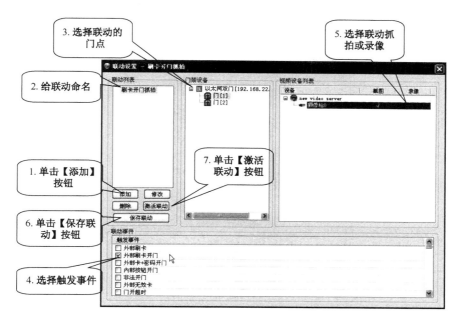

图 7-8　视频联动设置

（7）触发联动报警功能，查看系统是否正常联动。

（8）编写设备施工调试报告书。

7.3　入侵报警系统与门禁控制系统的联动

7.3.1　功能概述

入侵报警系统与门禁控制系统的联动主要是实现用户出门前在门禁控制器上输入相应数字并刷卡，实行布防。布防后，房间内的红外探测器或紧急报警按钮等入侵探测器一旦检测到有人闯入，就会输出一个信号给控制器，控制器检测到报警输入信号后，启动报警继电器，声光警号发出报警信息，提示用户到达现场查看。当用户刷卡进入房间时，系统自动撤防，直到下一次系统处于布防状态。

7.3.2　联动的实现

入侵报警系统与门禁控制系统联动的硬件连线主要将探测器的报警输出端与门禁控制器的辅助输入端连接，如图 7-9 所示。

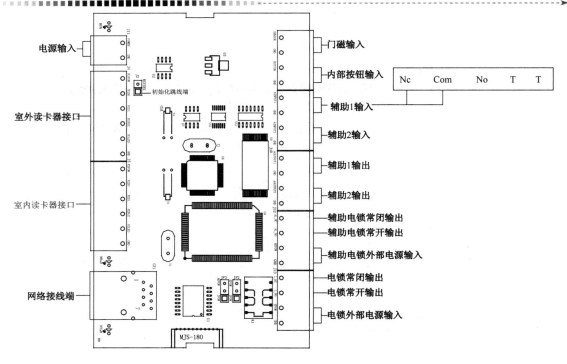

图 7-9　入侵报警系统与门禁控制系统的联动连线图

7.3.3　入侵报警系统与门禁控制系统联动实训

1．设备、器材

MJS-180 门禁控制器 1 台，读卡器 1 个，被动红外探测器 1 个，紧急报警按钮 1 个，线材若干，电源 1 个，工具包 1 套。

2．入侵报警系统与门禁控制系统联动实训引导文

1）实训目的

（1）通过入侵报警系统与门禁控制系统联动的实现，能够按工程设计及工艺要求正确完成两系统间设备的连线，进行参数设置，并掌握系统联动的调试。

（2）编写联动调试说明书。

2）必备知识点

（1）入侵报警系统与门禁控制系统联动的接线方法。

（2）掌握联动的调试方法

3）施工调试说明

（1）将入侵报警系统的设备接入门禁控制系统。

（2）会进行联动设置并调试。

3．任务步骤

（1）完成门禁控制系统设备的安装与入侵报警系统的安装，并按图 7-9 完成入侵报警系统联动门禁控制系统的硬件连线。

（2）分组，以组为单位进行课程练习。

（3）选择触发控制器。

（4）选择触发门点。

（5）选择触发事件。

（6）选择输出的控制器。

（7）选择输出端口。

（8）按图设置完毕后，对系统进行布、撤防管理。

（9）选择布、撤防方式。布撤防方式的选择如图 7-10 所示。

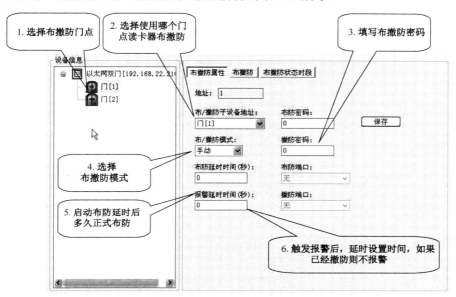

图 7-10　选择布撤防方式

（10）选择门点。门点的选择如图 7-11 所示。

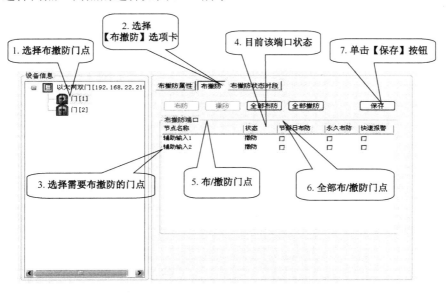

图 7-11　选择门点

（11）对端口布撤防。对端口的布撤防如图 7-12 所示。

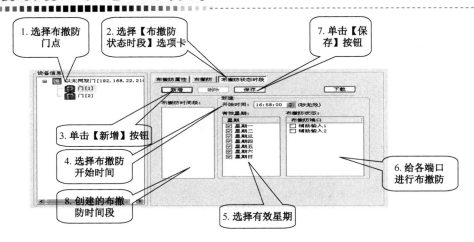

图 7-12　对端口布撤防

（12）触发联动报警功能，查看系统是否正常联动。

（13）编写设备安装报告书。

习题

1．描述入侵报警系统与视频监控系统的联动的意义与实现。

2．描述入侵报警系统与门禁控制系统的联动的意义与实现。

3．描述门禁控制系统与视频监控系统的联动的意义与实现。

入侵报警系统检验项目、检验要求及测试方法

序号	检验项目		检验要求及测试方法
1	报警功能检验及报警后的恢复功能检验	各类入侵探测器报警功能检验	各类入侵探测器应按相应标准规定的检验方法检验探测灵敏度及覆盖范围。在设防状态下，当探测到有入侵发生，应能发出报警信息，防盗报警控制设备上应显示出报警发生的区域，并发出声光报警。报警信息应能保持到手动复位。防范区域应在入侵探测器的有效探测范围内，防范区域内应无盲区
		紧急报警功能检验	系统在任何状态下触动紧急报警装置，在防盗报警控制设备上应显示出报警发生地址，并发出声光报警，报警信息应能保持到手动复位。紧急报警装置应有防误触发措施，被触发后应自锁，当同时触发多路紧急报警装置时，应在防盗报警控制设备上依次显示出报警发生区域并发出声光报警信息。报警信息应能保持到手动复位，报警信号应无丢失
		多路同时报警功能检验	当多路探测器同时报警时，在防盗报警控制设备上应显示出报警发生地址，并发出声光报警信息。报警信息应能保持到手动复位，报警信号应无丢失
		报警后的恢复功能检验	报警发生后，入侵报警系统应能手动复位，在设防状态下探测器的入侵探测与报警功能应正常，在撤防状态下对探测器的报警信息应不发出报警
2	防破坏及故障报警功能检验	入侵探测器防拆报警功能检验	在任何状态下，当探测器机壳被打开，在防盗报警控制设备上应显示出探测器地址，并发出声光报警信息，报警信息应能保持到手动复位
		防盗报警控制器防拆报警功能检验	在任何状态下，防盗报警控制器机盖被打开，防盗报警控制设备应发出声光报警，报警信息应能保持到手动复位
		防盗报警控制器信号线防破坏报警功能检验	在有线传输系统中，当报警信号传输线被开路、短路及并接其他负载时，防盗报警控制器应发出声光报警，信息应显示报警信息，报警信息应能保持到手动复位
		入侵探测器电源线防破坏功能检验	在有线传输系统中，当探测器电源线被切断，防盗报警控制设备应发出声光报警，信息应显示线路故障信息，该信息应能保持到手动复位
		防盗报警控制器主电源故障报警功能检验	当防盗报警控制器主电源发生故障时，备用电源应自动工作，同时应显示主电源故障信息，当备用电源发生故障或欠压时应显示备用电源故障或欠压信息，该信息应能保持到手动复位
		电话线防破坏功能检验	在利用市话网传输报警信号的系统中，当电话线被切断，防盗报警控制设备应发出声光报警，信息应显示线路故障信息，该信息应能保持到手动复位
3	记录显示功能检验	显示信息检验	系统应具有显示和记录开机关机时间、报警故障被破坏、设防时间、撤防时间、更改时间等信息的功能

序号	检验项目		检验要求及测试方法
3	记录显示功能检验	记录内容检验	应记录报警发生时间、地点、报警信息、性质、故障信息性质等信息，信息内容要求准确明确
		管理功能检验	具有管理功能的系统应能自动显示记录系统的工作状况，并具有多级管理密码
4	系统自检功能检验	自检功能检验	系统应具有自检或巡检功能，当系统中入侵探测器或报警控制设备发生故障、被破坏时都应有声光报警，报警信息应保持到手动复位
		设防、撤防、旁路功能检验	系统应能手动和自动设防撤防，应能按时间在全部及部分区域任意设防和撤防，设防撤防状态应有显示并有明显区别
5	系统报警响应时间检验		（1）检测从探测器探测到报警信号到系统联动设备启动之间的响应时间应符合设计要求 （2）检测从探测器探测到报警发生并经市话网电话线传输到报警控制设备接收到报警信号之间的响应时间应符合设计要求 （3）检测系统发生故障到报警控制设备显示信息之间的响应时间应符合设计要求
6	报警复核功能检验		在有报警复核功能的系统中，当报警发生时，系统应能对报警现场进行声音或图像复核
7	报警声级检验		用声级计在距离报警发声器件正前方处测量包括探测器本地报警发声器件、控制台内置发声器件及外置发声器件声级，应符合设计要求
8	报警优先功能检验		经市话网电话线传输报警信息的系统，在主叫方式下应具有报警优先功能，检查是否有被叫禁用措施
9	其他项目检验		具体工程中具有的而上述功能中未涉及的项目其检验要求应符合相应标准，即工程合同及设计任务书的要求

附录 B

视频安防监控系统检验项目、检验要求及测试方法

序号	检验项目		检验要求及测试方法
1	系统控制功能检验	编程功能检验	通过控制设备键盘可手动或自动编程；实现对所有的视频图像在指定的显示器上进行固定或时序显示切换
		遥控功能检验	控制设备对云台镜头防护罩等所有前端受控部件的控制应平稳准确
2	监视功能检验		（1）监视区域应符合设计要求，监视区域内照度应符合设计要求，如不符合要求检查是否有辅助光源 （2）对设计中要求必须监视的要害部位检查是否实现实时监视无盲区
3	显示功能检验		（1）单画面或多画面显示的图像应清晰稳定 （2）监视画面上应显示日期、时间及所监视画面前端摄像机的编号或地址码 （3）应具有画面定格切换显示、多路报警显示、任意设定视频警戒区域等功能 （4）图像显示质量应符合设计要求，并按国家现行标准《民用闭路监视电视系统工程技术规范》（GB50198-1994）对图像质量进行级别评分
4	记录功能检验		（1）对前端摄像机所摄图像应能按设计要求进行记录，对设计中要求必须记录的图像应连续稳定 （2）记录画面上应有记录日期、时间及所监视画面前端摄像机的编号或地址码 （3）应具有存储功能在停电或关机时对所有的编程设置，摄像机编号、时间、地址等均可存储，一旦恢复供电系统应自动进入正常工作状态
5	回放功能检验		（1）回放图像应清晰，灰度等级分辨率应符合设计要求 （2）回放图像画面应有日期、时间及所监视画面前端摄像机的编号或地址码，应清晰准确 （3）当记录图像为报警联动所记录图像时应回放 （4）图像应保证报警现场摄像机的覆盖范围使回放图像能再现报警现场 （5）回放图像与监视图像比较应无明显劣化，移动目标图像的回放效果应达到设计和使用要求
6	报警联动功能检验		（1）当入侵报警系统有报警发生时，联动装置应将相应设备自动开启，报警现场画面应能显示到指定监视器上，应能显示出摄像机的地址码及时间 （2）应能单画面记录报警画面，当与入侵探测系统出入口控制系统联动时，应能准确触发所联动设备 （3）其他系统的报警联动功能应符合设计要求

序号	检验项目	检验要求及测试方法
7	图像丢失报警功能检验	当视频输入信号丢失时应能发出报警
8	其他功能项目检验	具体工程中具有的而上述功能中未涉及的项目其检验要求应符合相应标准，即工程合同及正式设计文件的要求

附录 C

出入口控制系统检验项目、检验要求及测试方法

序号	检验项目	检验要求及测试方法
1	出入目标识读装置功能检验	（1）出入目标识读装置的性能应符合相应产品标准的技术要求 （2）目标识读装置的识读功能有效性应满足 GA-T394 的要求
2	信息处理控制设备功能检验	（1）信息处理控制管理功能应满足 GA-T394 的要求 （2）对各类不同的通行对象及其准入级别应具有实时控制和多级程序控制功能 （3）不同级别的入口应有不同的识别密码，以确定不同级别证卡的有效进入 （4）有效证卡应有防止使用同类设备非法复制的密码系统，密码系统应能修改 （5）控制设备对执行机构的控制应准确可靠 （6）对于每次有效进入都应自动存储该进入人员的相关信息和进入时间并能进行有效统计和记录存档，可对出入口数据进行统计、筛选等数据处理 （7）应具有多级系统密码管理功能，对系统中任何操作均应有记录 （8）出入口控制系统应能独立运行，当处于集成系统中时，应可与监控中心联网，应有应急开启功能
3	执行机构功能检验	（1）执行机构的动作应实时安全可靠 （2）执行机构的一次有效操作只能产生一次有效动作
4	报警功能检验	（1）出现非授权进入、超时开启时应能发出报警信号，应能显示出非授权进入、超时开启发生的时间区域或部位 （2）应与授权进入显示有明显区别 （3）当识读装置和执行机构被破坏时应能发出报警
5	访客可视对讲电控防盗门系统功能检验	（1）室外机与室内机应能实现双向通话，声音应清晰，应无明显噪声 （2）室内机的开锁机构应灵活有效，电控防盗门及防盗门锁具应符合 GA-T72 等相关标准要求，应具有有效的质量证明文件 （3）电控开锁、手动开锁及用钥匙开锁均应正常可靠 （4）具有报警功能的访客对讲系统报警功能，应符合入侵报警系统相关要求 （5）关门噪声应符合设计要求 （6）可视对讲系统的图像应清晰稳定，图像质量应符合设计要求
6	其他项目检验	具体工程中具有的而上述功能中未涉及的项目其检验要求应符合相应标准，即工程合同及正式设计文件的要求

参 考 文 献

[1] 汪海燕．安防设备安装与系统调试．北京：华中科技大学出版社，2012
[2] 中国就业培训技术指导中心．安全防范系统安装维护员（初级）．北京：中国劳动社会保障出版社，2010
[3] 盖仁栢．设备安装工程禁忌手册．北京：机械工业出版社，2005
[4] 徐第，孙俊英．建筑智能化设备安装技术．北京：金盾出版社，2008
[5] 王东萍．建筑设备安装．北京：机械工业出版社，2012
[6] 刘一峰．设备安装工程师手册．北京：中国建筑工业出版社，2009
[7] 罗世伟．建筑电气设备安装工．重庆：重庆大学出版社，2007
[8] 教材编审委员会．建筑弱电系统安装．北京：中国建筑工业出版社，2007
[9] 安顺合．智能建筑工程施工与验收手册．北京：中国建筑工业出版社，2006
[10] 王海．建筑设备安装．安徽：安徽科学技术出版社，2015
[11] 张会宾．建筑设备安装．北京：华中科技大学出版社，2009
[12] 陈辉，孙桂涧．建筑设备安装工程．北京：航空工业出版社，2012
[13] 张金和．建筑设备安装技术．北京：中国电力出版社，2013
[14] 李仲男．安全防范技术原理与工程实践．北京：兵器工业出版社，2007
[15] 公安部教材编审委员会．安全技术防范．北京：中国人民公安大学出版社，2002
[16] 王汝琳．智能门禁控制系统．北京：电子工业出版社，2004
[17] 马福军．安全防范系统工程施工．北京：机械工业出版社，2002
[18] 郑李明，高素美．建筑智能安全防范系统．北京：中国建材工业出版社，2013
[19] 西刹子．安防天下——智能网络视频监控技术详解与实践．北京：清华大学出版社，2010
[20] 梁嘉强，陈晓宜．建筑弱电系统安装．北京：中国建筑工业出版社，2006
[21] 王琰．安全防范系统安装与运行．北京：中国劳动社会保障出版社，2012
[22] 张东放．建筑设备安装工程施工组织与管理．北京：机械工业出版社，2009
[23] 林火养．智能小区安全防范系统．北京：机械工业出版社，2015
[24] 瞿义勇．建筑设备安装——专业技能入门与精通．北京：机械工业出版社，2009
[25] 陈翼翔．建筑设备安装识图与施工．北京：清华大学出版社，2010
[26] 陈明彩．建筑设备安装识图与施工工艺．北京：北京理工大学出版社，2009
[27] 殷德军．现代安全防范技术与工程系统．北京：电子工业出版社，2008
[28] 柳涌．建筑安装工程施工图集．北京：中国建筑工业出版社，2007
[29] 张玉萍．建筑弱电工程读图、识图与安装．北京：中国建材工业出版社，2009
[30] 陈国栋．建筑设备安装及智能化工程．天津：天津大学出版社，2012
[31] 广州地区建设工程质量安全监督站．建筑设备安装工程观感实录点评．北京：中国建筑工业出版社，2005
[32] 艾湘军，刘铁鑫．建筑设备安装与识图．武汉：武汉大学出版社，2013
[33] 安全防范工程技术规范（GB50348—2004）．北京：中国标准出版社，2004